職場
認真
19

小而精準的D2C線上銷售模式

顧客をつかんで離さない
D2Cの教科書

直接面對消費者，聽見消費者需求，
培養出顧客忠誠度的成功經營方式

角間實
KAKUMA MINORU
葉廷昭——譯

推薦序

創造跟顧客平等關係的D2C

王怡婷　DAYLILY共同創辦人COO

二〇二〇年，新冠疫情突然在全世界大爆發。台灣因為努力，生活沒有受到太大的影響，但是生活在日本的我，卻經歷了我在日數年來體驗過最蕭條的日子二〇二〇年四月開始，東京經歷了封城、開放、封城，又開放的日子。那段期間，除了販賣民生必需品的商店，幾乎所有店鋪的營業都受到極大的影響。大家每天被關在家裡，唯一跟外界的接觸，就是網際網路。

也在這段期間裡，D2C從品牌的一種選擇變成必然。可以在只能待在家的苦悶氛圍中，提供給消費者最需要的商品及服務的品牌，儼然成為疫情中的優勝者。

根據我的觀察，並不是所有的日本品牌都在一開始就有D2C的基礎。因此，在經歷了疫情時代後，如何找到自己的D2C定位、經營方式，就變得非常地重要。本書中，作者介紹了四個在日本相對成功的D2C品牌案例。雖然品牌的操作沒有一定的必勝法則，但是參考其他品牌的案例，或許可以給自己找到一點不同的靈感。

DAYLILY的D2C理想模式，在書中也有提到，就是創造跟顧客平等的關係。這一點是我們一直想做的，直到現在也沒有改變，一直在努力實踐。而在最近疫情稍有緩和跡象的後疫情時代，我們的想法其實也有些許的變化。隨著消費者開始走出家門回歸店舖，我們沒有放棄D2C的想法，但是我們在與顧客溝通時，還加入了OMO的想法。OMO即Online Merges with Offline：網路與實體結合。

我們希望我們的消費者在有良好的網路經驗後，也可以同樣在我們的店鋪感受到同等的店鋪體驗。最理想的狀態就是，無論消費者是在線上還是線下，我們都可以提供給他們最好的購物體驗與服務。我們希望我們的消費者是感覺不到線上與線下的差異的。

距離D2C與OMO的完美狀態，我們還有很長的一段距離。但是，對於想要開始嘗試D2C的人，閱讀這本書，將會給你帶來許多驚喜。希望與這本書相遇的人，可以參考日本品牌的經驗，創造出屬於自己的「還未發售前就銷售一空」的品牌奇蹟。

前言

「最近常聽到D2C，這跟過去的網購哪裡不一樣？」

「所謂的D2C，就是品牌管理那一類艱澀的話題對吧？」

「不就是把製造直銷換成英文說一遍？」

如果你對D2C只有這點粗淺的認識，那閱讀本書後你會明白，**D2C是一種任何人都能做到的「嶄新銷售模式」**。

現在蔚為話題的**D2C（Direct To Consumer）**仍然持續求新求變。D2C模式應用在網購上只是第一波變革罷了，未來D2C會成為所有經濟活動的新模式。

本書主要探討網購，但從事其他行業的讀者，也請不要覺得事不關己。

近年來創立的網路商店都有一個明顯的傾向，**銷路好的商店在商品推出之前，就已經被預購一空了。**

光看表象，你會認為那是他們請網紅宣傳，或是在網路上炒作話題的關係。事實上，很多商品在網上很有話題性，但銷量完全不好。

只有成功企業的銷售模式，才能冠上這樣一個名號。

那就是「D2C」。

然而，許多人光是看到英文，就認為這一定是難以應用的高深理論。D2C被當成了困難的品牌管理手法，甚至有人覺得D2C是沒意義的流行語。

因此，第一章我介紹了四家企業的長篇訪談。他們在眾多D2C企業中脫穎而出，不斷創造出全新的消費體驗和價值。採訪內容相當充實，各位能了解他們成功的訣竅。

這些企業生動的經驗與知識，是本書的一大賣點。

第二章開始，我會深入探討D2C的內涵。開頭會分析D2C和既往銷售模式的差異，最後會講解打造D2C品牌的具體方法。

D2C雖然是一種嶄新的銷售方法，但也不是完全無跡可尋。當中的許多方法都是改良過去的手段，拿來在網路上實踐罷了。

那麼，為何D2C的銷售方式，現在會如此普及呢？

答案是「消費者的行為和觀念」改變了。

新的銷售方法逐漸普及，像成衣業那一類墨守成規的企業，就注定要過上苦日子了。

過去我有不少機會接觸D2C企業，但我總擺脫不了固定的觀念，在我心目中D2C就只局限於網購而已。

這一次撰寫本書並進行實地採訪，我才領悟一個道理。

那就是，**所有商業模式都在往D2C模式靠攏**。

希望更多人閱讀本書，好好了解D2C的全貌，將這份知識應用在自己的生意上，這也是我身為作者最大的喜悅。

目次

第3章 D2C浪潮已然席捲海外

第4章 D2C才有挑戰的價值

第5章 如何創立成功的D2C企業

第 1 章

長篇訪談

D2C 品牌活躍的背景

嬌小女孩的救世主「COHINA」

嬌小的女孩也能有更多穿搭選擇，
實習生創立
「符合自我需求」的品牌。

newn 股份有限公司
COHINA 共同創辦人兼董事

田中絢子

採訪者：角間實

COHINA 販賣的，是專為一百五十五公分以下的女性設計的衣服。田中小姐創辦該品牌時還只是大學實習生，她本人也很嬌小。田中小姐注意到消費者跟自己有同樣的需求，開始利用 Instagram 宣傳自家商品，獲得了粉絲的熱情支持。她希望更多嬌小的女性，都能找到適合自己的衣服。而 D2C 正是實現這個願景的最佳解答。

COHINA
for under 155cm

COHINA
アイテム名やカテゴリで探す
About News Blog Help Contact Login
すべてのアイテム COHINA DENIM トップス アウター パンツ スカート ワンピース セットアップ シューズ 小物 ギフトカード
New ARRIVAL
初めての COHINA
デビューガイド
HINA DENIM
なたにピッタリサイズをお届け

一個小小實習生創立個人品牌，品牌的概念是「做自己想穿的衣服」

角間　**COHINA創業才一年半，每月就有五千萬日圓的營收**，一度造成轟動。首先，請告訴我們COHINA是什麼樣的品牌好嗎？

田中　COHINA是專為一百五十五公分以下的女性服務的成衣品牌。特色是使用Instagram等社交平台進行販售，**一年三百六十五天每天都開直播介紹商品。**因此光顧的消費者很多，算是業者和消費者密切互動的D2C模式，我們只做線上的生意。

角間　請告訴我們，妳為何把客群設定在一百五十五公分以下？

田中　這有市場上的因素，也關係到我個人的故事。首先來說說市場上的因素，日本女性平均身高是一百五十七公分，所以身材嬌小的女性其實還不少，不滿一百五十五公分的女性將近兩成。明明有這麼一塊大餅，但過去都沒有製造商重視這個客群。再來是我個人的問題，我的身高才一百四十八公分，真的很難找到衣服穿。優衣庫的S尺寸我穿也太大，光是改尺寸就要多花兩、三千日圓，實在很頭疼。

角間　幾乎可以再買一件刷毛衣了呢。

田中　對啊，而且身材嬌小也很難買到自己喜歡的款式。女裝的衣襬多半有一些花樣，改長度切掉的話就沒有花樣了。

角間　這樣商品就糟蹋了嘛。

田中　在這個講究「客製化」和「個人特色」的年代，身高這個不受控制的先天因素，卻限制了我們表現自己的手法，也扼殺了我們的興趣。我認為這太落伍了，根本不該發生這樣的事情。**我自己就面臨了這樣的問題，所以也想呼籲其他人重視，同時生產出解決這個問題的商品。**

角間　可否具體說明一下妳創立品牌的經歷？

田中　COHINA是我們公司的第二大事業，上一個品牌是賣化妝水的Kinema。COHINA是我當實習生時創立的。

角間　意思是妳念大學就創業啦？真厲害。

田中　其實是我運氣好啦，我進公司實習的時候，公司才剛成立Kinema，一開始負責產品企畫的前輩帶著我，讓我處理商品開發的意見反饋，還有使用Instagram做行銷之類的，總之前輩都有讓我嘗試。

角間　妳是很幸運的實習生呢。

田中　是，那時候幾乎沒有其他實習生和員工，所以我有機會學到創業和打造品牌的方法，真的是非常有趣的體驗。這也是我後來想要自己創立品牌的原因。

角間　妳本來就打算創業嗎？

田中　是的，但大學生根本不懂創立品牌的方法，也不曉得怎麼做銷售。我只是有那個念頭，卻沒有具體的知識，最後也就不了了之。直到我加入Kinema，才明白原來我也做得到，這就是我決定嘗試的契機。

角間　原來如此，那妳在Kinema上班，是從什麼時候發現自己也能成功？

田中　老實說，我沒想過自己會成功，但最主要的一個因素在於，行銷所用的平台是我自己熟悉的東西。好比 Instagram、Shopify、BASE 這些我都用過，所以我多少能夠理解。

角間　反過來說，妳只是覺得自己有機會成功就對了？

田中　是的，**我很早就摸索到自己要的銷售方法**，起步也比較容易。

角間　通常做D2C的人都要最後才摸索得到，而妳很早就摸索到了是吧？

田中　也許是這樣吧。不先搞清楚販賣的方法，我也不會想製作商品。

角間　原來如此。妳真的有不錯的實習經驗呢，不僅做出了好東西，也有很棒的成績。妳加入公司以後，花了多久時間才創立COHINA？

田中　我進公司實習是六月的事，創立COHINA好像是同一年的八月還九月吧。

角間　妳才花兩個多月就創業啦？

田中　是，這種速度在我們公司不算什麼，趁早行動是我在實習養成的習慣。

角間　那創立COHINA是田中小姐妳自己的意思，還是社長叫妳去辦的？

田中　是我自己的意思，除了我以外還有另一個共同創辦人，我們一直都有心創業，也思考過一些點子。最主要的核心概念是，我們想要基於自己的經驗來開發商品，另一個主軸是做出別人也想要的東西。

角間　原來是這樣。

田中　這世上已經有很多商品了，既然要特地開發新商品，那就要做出前所未有的東西才行，否則根本沒意義。做出別人不需要的東西，純粹是在生產垃圾罷了。我們認為這樣不好，因此**想做大家真正需要的商品，而且是我們自己了解、認同的商品。**

正式開賣前在 Instagram 直播，追蹤的「熱度」比數量更重要

角間　妳的品牌在 Instagram 上天天都有直播對吧？是在什麼情況下開始的？

田中　一開始我們要自己裁切樣板，連捆包商品也是自己來，我希望大家可以一起分享商品誕生的喜悅。像我們這種小規模的品牌，其實也沒有其他的手段，畢竟也不可能一下就上電視。寫部落格又要花時間，出書也不是一件容易的事情。**剛好 Instagram 可以輕易地發送商品訊息**，所以我們才用 Instagram。

角間　第一天直播有多少觀眾收看呢？

田中　剛開始直播那段日子，有時候一天只有一個人收看。

角間　只有一個人？

田中　弄直播的人數還比觀眾多，效率有夠不好（笑）。

角間　那現在有多少人收看？

田中　多的時候大概五百人吧（但每一支影片都有一到兩萬點閱率）。

角間　**可以從乏人問津的狀況，一直進步到現在這樣，這代表任何人都有機會成功，真的是振奮人心的故事呢。**妳認為成功的祕訣是什麼？

田中　最重要的是每天持續下去吧……但直播內容也要有趣才行。

角間　妳所謂的有趣是指什麼？

田中　直播內容要引起觀眾的共鳴，人家才願意一直看下去。兩個身材嬌小的女生開直播，一個一百四十八公分，另一個也才一百五十一公分，觀眾會覺得好像看到朋友開直播，很期待接下來的內容，也想幫直播的人加油。也就是說，**你要跟觀眾站在同樣的立場，才可以持續保持親近感。**

角間　這是D2C常見的風格呢，那消費者的成長率感覺如何呢？

田中　只看二〇二〇年的話，我們有參加TGC（東京女孩展演），也有啟用高橋愛等藝人，算是有成功製造一些話題。不過，固定客群真的是一點一點累積起來的。

角間　我想先確認一下時間，妳是哪一年創業的？

田中　正式開賣是二〇一八年一月。

角間　那時候就用 Instagram 直播了嗎？

田中　是，那時候就有用了。敲定品牌是二〇一七年十月的事，後來我們有稍微賣一些小飾品之類的東西，Instagram 直播也有做。等LOGO決定好、商品型錄和品項準備妥當，才終於有像樣的東西可以讓消費者看。那已經是二〇一八年一月了。

角間　所以在正式開賣的三個月前，妳們就在做直播了？

田中　是，當初也不是每一天都播，也有沒開播的日子，但我們真的是從一開始創業，就在Instagram上直播了。

角間　在商品開賣前先養一批忠實的粉絲，這也是D2C的成功要素之一。妳們開始直播的三個月後才正式開賣，是有什麼其他的考量嗎？

田中　也沒有，這純粹是結果罷了。我們沒有事先訂好要在三個月後開賣，純粹是增加品項需要這麼多時間。因此，我們不是等客源穩定才開賣，而是等調度穩定才開賣。

角間　這麼說來，妳並不贊成有穩定的客源就直接開賣囉？

田中　也不是不贊成，而是沒有目標人數也沒關係。不過，我舉個實際的例子給你參考。我們算比較幸運，發售第一天就有消費者購買，那時候的追蹤數也才一千到兩千人左右。就某種意義來說，這不是很難達成的數字。**但這一千人的熱度夠的話，商品自然賣得出去**，這是我個人的親身經驗。

角間　熱度很重要對吧，這我知道。

田中　**就算追蹤人數只有五百，只要「熱度」夠就不怕賣不出去。**

經營 Instagram 跟經營實體店鋪一樣，每天開店有其意義

角間　妳們一開始做直播，就決定要每天開嗎？

田中　也不是，正確來說是開了一段時間以後，就沒辦法停了。畢竟前面都開那麼久了，當然會想一直開到最後，因此我們盡可能每天開直播。後來我們也注意到，每天開直播確實是有效果的，這就好像實體店鋪每天開張一樣。

角間　原來是這樣。

田中　開直播可以跟消費者接觸，消費者也有發表意見的管道，每天看直

播就跟經常光顧店鋪差不多嘛。所以我們也很擔心，萬一沒開直播消費者會以為我們休業。

角間　消費者都是先看Instagram，而不是先看電商平台。

田中　對，就是那樣。

角間　那妳們一次直播開多久？

田中　店鋪營業時間越長，業績自然是越好，有時候我們一天會開兩次，或是從一小時改成兩小時之類的。我們在Instagram上嘗試各種直播類型，最後得出的結論是，**每天都應該要開直播，哪怕只開一小時也好。**

角間　問題是，每天開直播不容易吧？

田中　是啊，真的很辛苦。

角間　這應該是成衣界的創舉吧？

田中　我想是的，一開始我也要每天上直播，實在很累。現在就跟幾個人輪流了，我們的直播沒有劇本的，直播主可以講她們想講的話題。老實說管理成本也不高，只要直播主有吸引觀眾的魅力，直播就能保持那個效果。

角間　不愧是帶動直播浪潮的品牌。

田中　我們是真的很早就開始直播，最近跟進的企業也很少每天開的。從這個觀點來看，我們開直播算養成習慣了，消費者也認為COHINA每天都會開直播，這一點非常重要。

從當事者的角度出發，終於找到潛在商機

角間　接下來我想請教的，是這一次採訪最核心的問題。貴公司的商業模式表面上是「滿足嬌小女性的成衣電商」，但其中有沒有更深厚的哲學？例如，妳們賣尺寸小的衣服，是不是想改變什麼？或者有沒有想要帶動哪些風氣？

田中　關於這一點，我們參加TGC（東京女孩展演）就有重新思考過，

小眾不該永遠是小眾，我們想帶動一種小眾也能受到重視的風氣。

角間　妳所謂的「小眾也能受到重視」是什麼意思？

田中　**就是那些比較沒有市場價值的人，也能過得自由自在的意思。**

我認為每個人多少都有一些異於常人的地方。像我是身材特別嬌小，有人是體重或性向異於常人，還有都市跟偏鄉這類的環境差異。我想大家都有這些生活上的難處，或是跟其他人格格不入的地方。

不過，這些要素是時勢所趨，也是我們自己的一部分。這個時代大家共享資訊，也知道每個人有不同的感情和類型。各個類型的人凝聚在一起，其實也算是一個族群。我們想透過自己的品牌，告訴大家這樣的觀念。有「特色」是理所當然的事情。

角間　原來如此。

田中　過去TGC也只用高䠷的模特兒走秀，一百五十五公分以下的普通人走秀，根本是不可能發生的事情。然而，這一次我們獲得了參展的資格。

不同的特色逐漸被世人所接受，現在社會有這種包容的風氣了。因此，我們想要展現這樣的特性，當一個開路先鋒，讓更多小眾族群也能活得自由自在。

東京女孩展演（TGC）秉持著「向世界推廣日本少女文化」的概念，從二〇〇五年八月開始，每年舉辦兩次展演，堪稱是日本史上最盛大的時裝秀。二〇二〇年第三十一屆東京女孩展演，是COHINA初次上台走秀，也是頭一個專門服務嬌小女性的品牌參展。

角間　真是很棒的想法呢。

田中　販賣的方式我們也有花點心思，我們做的不是大量生產、大量消費，而是確實聽到消費者的心聲和需求。我認為這是電商該有的特色，也跟我們每天開直播的特性相符，這是我們的品牌才能做到的理念。

角間　妳們對自家商品有什麼要求嗎？

田中　有的，設計面和品質面都有要求。就設計面來看，我們專為嬌小的女性設計衣服，這是其他品牌絕對沒有的。**不是把大尺寸的衣服縮小，就一定適合嬌小的女性穿。**而是要讓嬌小的體型看起來更好看，好比腰身做得更高，做出更顯瘦的設計等等。我們在設計各部時有注意這些細節。這絕對是大廠做不來的優勢。

角間　那麼，妳們是用年齡來區分客群嗎？

田中　其實也沒有明確的區分，只是就結果來看，主要客群大多跟我年紀差不多，就是二十五歲到三十五歲之間。COHINA

的衣服多為基本款，很少有特殊的設計，**過去這種衣服不是做給嬌小的女性穿的。**以前我會買小孩子穿的衣服，但那畢竟太稚氣了，看起來不夠成熟。高級百貨公司是有賣尺寸比較小的，但也只有適合商務場合穿的外套和褲子。**過去找不到二十歲到三十多歲嬌小女性想穿的衣服。**

角間　妳們真的挖到寶了呢。

田中　所以，我們先做一些基本款的品項，讓嬌小的女性可以穿搭得更好看。

角間　之後會做青少年或四十幾歲的客群嗎？

田中　這個嘛，我想應該是沒問題。雖然還沒有具體的概念，但許多消費者喜歡的是單純的服裝款式，設計上我們可以保持基本面，然後做一些適合年輕人或中年婦女的品項。

角間　妳們是開直播行銷，照理說應該先鎖定十多歲的客群，之所以沒有這樣做，跟妳堅持從自己的角度出發有關係嗎？

田中　我想是有關係的，首先我不太了解十多歲的小孩子在想什麼。再來這一點關係到我個人的堅持，一開始我想做出有明確概念的衣服。**除非是我真心覺得可愛的衣服，否則無法傳遞我的熱忱，衣服也不可能賣出去，應該說我自己也不會想賣。**

角間　果然，從自己的角度出發很重要呢。

吸收粉絲的意見，以實惠的價格滿足其需求

角間　妳對商品的另一個堅持是「品質」，關於這一點也請妳說明一下。

田中　COHINA是跟代工廠一起生產商品的，雙方建立良好的關係也是我們的一大優勢。尤其現在新冠肺炎衝擊各行各業，廠商的產能也縮限不少。廠商願意優先生產我們的商品，真的是值得慶幸的事情。我們剛起步就跟代工廠一起合作，彼此互相提攜成長，也不會提出過分的要求。

角間　跟廠商的關係好，平時就能有穩定的貨源和品質囉？

田中　是的，很多D2C企業在這方面傷透腦筋，因此我們未來也會堅持這一套方針。

角間　從性價比的角度來看，D2C比較沒有中間的管理成本，多出來的資源可以花在成品上。所以同樣款式、同樣價格的商品，品質也比較好。反過來說，商品也有降價的空間對吧？關於這一點妳是怎麼想的？

田中　像我們這種小規模的品牌，若沒有生產一定的基數，成本是壓不下來的。尤其日本的成衣界有不同的季度和趨勢，生產基數不可能太高，我們很難靠規模決勝。

角間　原來如此，所以像「WORKMAN」那種經營方式才是最好的對吧。同樣是庫存衣物，一年到頭都能拿來賣，但這種賣法並不適合COHINA。

所謂的「WORKMAN」經營，是指有計畫地大量生產來壓低價格，而且產品生命週期又比一般成衣要長，不必促銷也能低價供應。一般成衣重視季節感和流行趨勢，季度過了就得趕緊促銷。「WORKMAN」做的是重視功能的工作服，放到隔年也能賣。因此沒必要促銷，多餘的資源可以提升商品品質，以低價提供高品質的商品。

田中　沒錯，所以我們也不會說自己的商品特別便宜，而是採用適當的價格策略。

角間　像這種比較小眾的商品，因為市場基數本身就不大，價格比較高也理所當然。但妳們努力維持合適的價格，沒有將高價視為理所當然，讓廠商和消費者都不吃虧，這真的是很棒的經營哲學呢。請容我問一個較為籠統的問題，D2C很重視所謂的「共鳴」，為此應該注意哪些要點？

田中　我認為**不要太刻意養粉絲會比較好**。

角間　意思是不要有崇拜關係，而是應該像朋友一樣囉？

田中　差不多是這個意思，也就是隨和地溝通，了解消費者喜歡什麼。如果他們有煩惱，就提供解決之道，我們也會主動報告近況之類的。

角間　這根本就是好朋友了嘛，就好像晚上會講電話聊天的朋友一樣。

田中　**能否在網路上建立起這種隨和的關係，我認為才是重點。**

角間　所以，妳是有刻意營造「輕鬆」的交流方式囉？

田中　應該說，我想保持最真實的自我風格。反過來講，其實我也只能這樣做。創業之初我們也沒有積極投資的預算，只能展現最真實的自我，吸引願意認同的消費者購買商品。

縱使我們有預算，我也不想完全走創新的路線。我希望用自己的語言表達理念，讓消費者來購買我們的商品。我想這比較適合我們。

角間　你們跟消費者建立了良性的互動關係，也成功建立了客群。那麼消費者的意見，妳們如何反映在商品上？

田中　每一季我們都會用共同開發的方式，跟消費者一起開發新的商品。好比最近我們有生產一款汗衫，上面有繡我們的直播主說過的名言。至於衣服的顏色，還有要繡哪些名言，我們會徵詢消費者的意見。**今後我們也會定期推出共同開發的商品**，當然開發過程中也會活用直播功能。

角間　共同開發的生產方式，消費者一定很感興趣，他們會想知道自己的意見有沒有被採納對吧。

田中　沒錯，共同開發的商品很受到消費者的矚目。平常我們也有做一些小型的問卷調查，沒到共同開發的地步。

角間　可否舉個例子呢？

田中　今晚我們也會開 Instagram 的限時動態，了解一下消費者對明年春季的鞋款有什麼意見。（調出手機照片）這兩雙鞋款腳尖的形狀不一樣，這一款的比較尖，另一款的比較圓。我們會詢問消費者哪一款比較好，再依照結果來做決定。

角間　很有趣的方法呢，自己的意見被採納，消費者一定會欣然購買。就好像廣播節目唸到自己點的歌一樣。

田中　確實，滿接近廣播ＤＪ跟聽眾的關係呢。

嬌小女性的「方便性」最重要

角間　對了，其他品牌有找妳們合作嗎？

田中　是有其他品牌來找我們合作，想要把他們的招牌商品做成比較小的尺寸。COHINA現在有點像「嬌小」的代名詞，我們也打算積極活用這個優勢。

角間　對方是業界龍頭嗎？

田中　業界龍頭也有生產數量上的問題，因此要談合作不太容易，但也的確有人來找我們談，有朝一日我也想跟他們合作。

角間　妳會不會擔心，跟那些業界龍頭合作會破壞自家品牌的哲學？

田中　如果只是當人家的通路，沒有展現出販賣者的特色，那就糟蹋了我們苦心經營的**人性化品牌**。我們是要提供嬌小的女性更多的選擇，只要品牌名稱和品牌概念還在，我們也不排斥跟業界龍頭合作。

角間　還是以嬌小女性的「方便性」為重就對了。

田中　對，增加嬌小女性的選擇，是我們的第一要務。

角間　這麼說來，妳們主打的不是「哲學」囉？

田中　我希望消費者體驗一下，穿到合身的衣服是件愉快的事情。當然，消費者要是欣賞我們的哲學，那是再好不過了。

角間　還是要看消費者就對了。

田中　是的。不過有一點我們很堅持，**我們絕不刺激嬌小女性的自卑情結，**也絕不會用這樣的行銷手法。

角間　不利用自卑感來賣嬌小的衣服，這也是妳們的一大課題對吧？

田中　是，你說的沒錯。**我們不想跟那種「大尺碼」的專賣店一樣，把嬌小視為稀鬆平常的哲學觀才是重點。**我希望消費者有信心，身材嬌小不見得是壞事。

角間　所以妳們打廣告也有這層涵義在吧？二〇二〇年十一月推出的地區限定電視廣告，反應如何呢？

田中　知名度有顯著的提升，網站瀏覽數也增加不少。這也間接印證，專為嬌小女性服務的品牌有一定的需求。

角間　妳們是在主流媒體上打廣告，目標客群應該也有放在大多數普通體格的女性身上吧。妳們的電視廣告，是不是也有訊息傳遞給那些消費者？

田中　社會上確實有體格比較嬌小的女性，我想先讓社會大眾了解，也有專門服務嬌小女性的服裝品牌，讓市場有這種新的認知非常重要。這就好像我本人體格不大，但我知道有那種大尺碼的品牌一樣，

我也希望世人了解有這樣的類別。

角間　灌輸大眾這種新的認知，有什麼具體的好處嗎？

田中　比方說，男性送禮物給矮個子的女朋友，或是女性朋友一起去購物時，只要告訴那些身材嬌小的女孩子，有專門為她們設立的品牌，這樣我就很開心了。也許身材嬌小算不上一種優勢，但當成一種特色也未嘗不可。

COHINA的服飾衍生出各種社群

角間　妳們有做過快閃商店嗎？

田中　本來每個月會做一次，新冠疫情爆發後就停止了。

角間　妳們做快閃商店的動機是什麼？

田中　主要是想直接跟消費者碰面，提高她們的滿意度。不然光是在網路上，也看不到客人平常穿什麼，更不可能知道她們的實際年齡和身高。

消費者可以實際試穿我們的衣服，順便跟直播主當面對話，這一點滿重要的。有的消費者為了見到不同的直播主，一天會來店鋪光顧三次呢。

角間　這根本鐵粉了嘛。

田中　對啊，不管是線上交流或線下碰面，有這些粉絲的聲援，才有熱烈的買氣。

角間　妳們還有什麼增加粉絲的手法嗎？

田中　我們也沒刻意這麼做，是客人私下組成非官方的LINE群組，彼此互相交流。

角間　**自動自發組成社群就對了？**

田中　真的是自動自發，我們也嚇了一跳。消費者看完我們的直播後，自己私下聯絡。一開始是用Instagram的私訊，熟了以後就互相交換LINE，還發展出群組。她們天天在上面聊，有空就約出來碰面，舉辦線下聚會。

角間　這是最理想的發展啊。

田中　我們也很訝異。有消費者告訴我們，她們今天去參加COHINA的線下聚會，但我們完全不曉得有這回事。消費者會來我們的快閃商店，或是穿著我們的衣服去迪士尼樂園。

角間　熱情的粉絲還會幫妳們推廣，真是良性循環呢。

田中　大家都有共通的煩惱，而且衣服又是日常生活中的用品，所以消費者也比較容易打成一片吧。有的客人跟我們說，**她很喜歡COHINA的衣服，但她最感謝我們的，是透過COHINA的衣服交到新朋友。**身為品牌的創辦人，這是我始料未及的。

角間　除了使用Instagram以外，妳們推廣品牌還有其他方法嗎？

田中　主要就是參加TGC（東京女孩展演）吧。當時我們還沒登上主流媒體，參加TGC是很難得的經驗，我想效果也不錯。

角間　假設在電商平台開設的那一天，TGC找妳們去參展，妳們會去嗎？

田中　嗯，或許不會吧。是現在上軌道了，我們才會去參展。

角間　為什麼呢？

田中　我們的消費者回鍋率還滿高的，有**將近五成到六成**。在沒有這種基礎的情況下打響品牌的知名度，大概也留不住顧客的心，她們不會買單的。

有好的營運和商品素質，設計上也有一定的水準，再來打響知名度會比較好。因此，選在二〇二〇年參加ＴＧＣ我認為是正確的決定。如果第一年就參加ＴＧＣ，我們應該得不到廣大的迴響吧。

角間　所以妳們沒有其他圈粉的方法囉？

田中

開賣前我們有辦消費者訪談。

也不是一般的消費者，就是請朋友來參加我們的訪談。我們會找體格嬌小的女性友人，請她們填一下問卷。她們也非常認同我們的理念，主動提供了很多支援，一開始也積極替我們宣傳。在開賣前就有人期待我們的商品，幫我們四處宣傳。以初步行銷來說，我想這是一個不錯的開始，當然規模不大就是了。

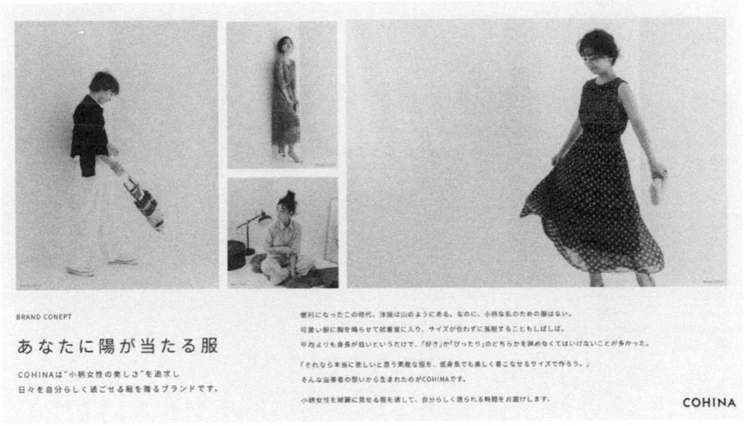

角間　這算是新興品牌的慣用手法呢。開過快閃商店後，下一個階段有打算開常設店面嗎？

田中　我們確實有在考慮，只是還沒有具體定案。目前是希望二〇二一年辦得成。

角間　最後容我問一個比較難回答的問題，新冠疫情對妳們的業績是不是反而有幫助？

田中　是的，現在大家都上網購物，再加上居家工作，收看直播的觀眾也增加了。

還有一點，**人們寧可多花一點錢購買自己喜歡的品牌，也不會去買**

便宜的品牌來用。由於外出的次數驟減，因此每次出門的機會特別寶貴。大家似乎覺得，難得出門一趟要好好享受一下才行。

與此同時，人們上網的時間增加，有更多機會認識不一樣的品牌，喜歡的品牌也就越來越多，我想這也是消費者指定要買我們品牌的原因吧。

未來，**衝動購買不再是主流的消費方式，能否讓消費者指定購買你的品牌，才是關鍵所在。**

來自台灣的生活風格品牌「DAYLILY」

關鍵在於「哲學」。
沒有哲學的 D2C，
就只是一種單純的商業手法。

DAYLILY JAPAN 股份有限公司
CEO 兼共同創辦人

小林百繪

採訪者：角間實

「DAYLILY」是來自台灣的生活風格品牌，主打商品雖然是漢方，但沒有過去那種老掉牙的刻板印象，而是改用時尚的風格，擄獲年輕女性的心。從一開始創業就把熱心的粉絲當成自己的好姊妹，在打造品牌的過程中發揮了重要的作用。到底這種獨特的經營文化是如何養成的？

共同經營者王怡婷（左）與小林百繪（右）。

一開始用眾籌的方式，之後活用 Slack 等平台，和消費者拉近距離

角間　首先，請介紹一下DAYLILY是什麼樣的品牌。

小林　我們是來自台灣的漢方生活風格品牌，由我跟台灣的王小姐創立的。她的父母長年在台灣開設中藥店，我聽她說過台灣的漢方，這也是我想推廣到日本和全亞洲的原因。

角間　妳跟台灣有什麼特殊的緣分嗎？

小林　也沒有，我就跟一個觀光客差不多。只是在讀研究所時，剛好認識王小姐。自從我決定創立DAYLILY，就請她帶我去台灣一遊。

角間　台灣本來就有服用漢方的文化，妳在台灣開創一個時尚的漢方品牌，請問當地人的反應如何？

小林　對台灣人來說，漢方是他們經常服用的東西。只是從來沒有人做出時尚的感覺，這一點令他們很訝異。

二〇一八年三月，DAYLILY在台灣開設第一家店鋪，主打「溫暖女性的體溫和心情」。

角間　的確，台灣便利商店的茶葉蛋，也有人放漢方在熬，味道很不錯呢。

小林　除了你講的茶葉蛋以外，還有賣普通的漢方飲品，便利商店也買得到很多相關商品，我覺得這一點非常好。

角間　所以，DAYLILY做出時尚洗鍊的漢方產品，才會讓台灣人眼睛為之一亮吧。

小林　是，他們確實滿訝異的。

角間　在日本，大家對漢方的印象如何？

小林　就像平常在喝的日本茶吧。

角間　原來如此。聽說妳一開始有使用眾籌，這是為什麼？

眾籌，也就是向群眾籌措資金的意思。使用者可以透過眾籌網站，接受非特定網友的金援或協助。

小林　既然要創立新品牌，我希望盡量打響知名度，得到多一點的支持。還有，**我也想跟大家一起創立品牌。**

角間　實際來看，算得上粉絲的支持者有增加嗎？

小林　有。當時支持我創業的網友，現在也會購買我們的產品，替我們加油打氣。多虧有他們的幫助，才有現在的DAYLILY。我很慶幸自己有使用眾籌。

角間　如果沒使用眾籌，妳覺得情況會怎麼樣？

小林　這個嘛，因為我一開始是在台灣起步，我想好好在當地推廣。事實上，那時候還沒有新冠疫情，**連日本觀光客都會幫忙在網路上宣傳，口耳相傳也打響了我們的知名度。**

角間　當初使用眾籌都獲得了巨大的成功，現在疫情爆發，網路的使用率更高，沒有道理不用眾籌吧。那妳還有其他圈粉的方法嗎？

小林　我們一開始打入日本市場，還有開設快閃商店的時候，都有即早做宣傳。好比定期更新雜誌之類的。

角間　一步一腳印就對了是嗎？

小林　是的。

角間　妳們還有用 Slack 這個通訊平台是吧？

小林　對，這是最近才用的。我們會拜託消費者，提供一些新產品的意見或反饋之類的。

角間　有多少人加入群組呢？

小林　一開始我們只選了三十人左右。最主要的目的是，未來DAYLILY做訂閱的時候，可以了解消費者最喜歡什麼樣的產品。現在那種訂購或訂閱的服務方式，我有點不以為然。

角間　怎麼說呢？是不是一般消費者常抱怨的，如果廠商每個月只會送同樣的商品，那他們乾脆有需要再購買就好？

小林　是有這個因素在。另外，我也擔心增加姊妹的負擔（姊妹是DAYLILY對消費者和工作人員的稱呼方式，詳情容後表述）。如果要辦訂閱，我希望每個月收到的商品不會成為她們的負擔，而是**每個月都值得期待，並且有意義的商品**，不然辦這個就沒意義了。

角間　原來如此。妳們要辦訂閱服務的話，一定會有很多消費者捧場吧，但按照一般的訂閱，只是換一個賣法而已嘛。

小林　將來我們希望DAYLILY這個品牌，可以配合特定的季節或時期，提供一些女性朋友在生活場合中用得到的商品。我認為訂閱服務很適合這樣的概念，但該怎麼做才能提供消費者更好的東西？在必要的時候提供必要的份量是最理想的。因此，我們會請加入

Slack的姊妹討論一下。目前已經討論三個月了，還在摸索當中，但總有一天我想嘗試一下。

角間　關於「姊妹」這個稱呼，可否請妳說明一下？妳不只稱呼消費者姊妹，連商店的工作人員也以姊妹相稱對吧？這是為什麼呢？

小林　我一開始辦眾籌就這樣稱呼了，**不管是客人或店員都一樣，我不想有太大的區隔**。所以就思考有沒有共通的稱呼方式，或是比較親密的稱呼方式。我以前是念教會學校，也都稱呼老師姊妹。感覺這種距離感很恰當，又像自己人一樣。

角間　有點類似稱兄道弟的感覺？

小林　對，我認為大家都是對等的，可以輕鬆交朋友，所以客人和店員都稱呼姊妹。

一開始先辦快閃商店，慢慢推廣品牌哲學

角間　妳剛才有提到快閃商店，可否說明一下做這個的經歷？

小林　一開始我是在台灣開店，後來日本的觀光客逐漸增加，就有人問我要不要在日本開店。我們也很想在日本開店，就先在表參道開一家快閃商店，看看消費者的反應如何，順便實際了解一下他們的意見。

角間　那妳認為，辦快閃商店有哪些優缺點？

小林　最初在表參道開店時，我們自己去租借場地、安排店內空間，還設計了一套跟消費者互動的方式，真的辦得挺不錯。媒體和全國的批貨商都有來參觀，也有不少百貨公司和商業設施來洽詢合作事宜。

角間　盛況空前就對了。

小林　是的，消費者的反應很好，而且能實際聽到他們的意見，我真的很開心。

角間　因此，妳確定這一套商業模式在日本也行得通？

小林　沒錯，但我也認清快閃商店的極限。畢竟是期間限定的商店，很多東西都是暫時的。不過也多虧有那一次經驗，我們很希望有自己的實體店鋪。

角間　未來做D2C的人，可能也想自己開店；關於開設快閃商店，妳有什麼建議嗎？

小林　大家聽我這樣講可能會覺得有點怪，但我建議**要堅守自己的品牌價值。**一般的百貨公司或商業設施，主要還是看營業額。你應該跟批貨商保持對等，不要把營業額當成經營的首要之務。

角間　原來如此。

小林　自己的品牌才是最重要的，認清這一點再來開設快閃商店，你才會感受到**自己的商店能吸引哪些客群，同時了解他們的生活方式，以及他們如何使用你的商品。**從這個角度來看，有辦實體商店確實比較好。

角間

妳創業的經歷是先眾籌，接著在台灣開設旗艦店，之後才回日本開設快閃商店（先後在表參道ROCKET、有樂町丸井、澀谷HIKARIE、梅田大丸、博多大丸開店）。再來是到誠品生活日本橋店鋪對嗎（COREDO

室町二樓的誠品生活日本橋內部）？

小林　是的。

角間　在這麼大型的商業設施開設店鋪，想必不容易吧？最困難的挑戰是什麼？

小林　這是一個全新的商業設施，剛打入日本市場的「誠品生活」也造成不小的話題。我們雖然決定要開設店鋪，但很多事情我們都沒處理過，連條件都不曉得該怎麼談，真的是邊做邊摸索。

角間　容我請教一個問題，一開始妳們有找創投公司嗎？

小林　沒有，是開店以後才有。我們在日本開設快閃店鋪以後，有接到幾家創投公司聯絡。過去我們都是靠自有的資金和融資營運，在日本開的第一家店鋪也做得很好。要照這樣一直做下去也不是不行，但我們想提升團隊的力量，就跟創投公司碰面了。

角間　明白了。

小林　我們合作的對象，都是特別值得信賴，而且可以提升團隊實力的創投公司。我們希望創投公司提供的不光是資金，而是我們這些創業成員辦不到的事情。因此，合作可以說是非常成功。

DAYLILY之後在大阪的大丸梅田店，開設她們在日本的第二家店鋪。第三家店鋪和第四家店鋪則開在有樂町丸井、澀谷HIKARIE，她們曾在這兩個地方開設快閃商店。

角間　妳們現在也進入擴展店鋪的階段了，那擴展店鋪時妳們最重視什麼？比方說，妳們對於地點有自己的堅持嗎？

小林　會來購買DAYLILY商品的多半是上班婦女。所以，我們想開在上班婦女較多的地方，或是她們通勤時會經過的生活圈內。

角間　目前DAYLILY都開在商業設施內，未來會開在路邊的店鋪嗎？

小林　未來我是有這個打算，但沒有特別重視這一塊。**開在消費者常用的商業設施，或是她們平時常去的地方比較好。**我不想讓她們特地多跑一趟。

角間　就算離她們的生活圈近，路邊的店鋪還是會給人「多跑一趟」的感覺是嗎？

小林　當然，消費者願意特地過來一趟，這是值得高興的事情。但我希望她們在日常活動中消費，好比去商業設施買衣服、買化妝品，然後順便來買我們的茶這樣。

關鍵在於「隨和的關係」，D2C不只是單純的商業手法

角間　對了，**最近似乎很講究客製化（配合消費者的個人喜好，提供合適的服務或商品）**。這方面妳們有做因應嗎？

小林　漢方本身就是客製化的東西，處方也各有不同。一般D2C和商業行為中的客製化，我是抱持懷疑態度的。

角間　比較常見的，是那種要消費者填問卷的客製化服務對吧？

小林　與其做那種消費者調查，不如實際跟消費者見一面，彼此開心地聊聊天，一起思考什麼樣的商品適合消費者的生活狀況。我認為這反而比較重要，所以目前沒有特地為了客製化而做準備。

角間　最近很流行所謂的**「女性科技（FemTech）」或「女性保養品牌」**。有人認為DAYLILY也算在內，妳怎麼看呢？

FemTech是Female（女性）和Technology（科技）組成的新詞彙，主要是提供科技服務或商品，解決女性的健康問題。

小林　的確，雜誌上的女性科技專題都會提到我們的品牌。只是我一直在想，我們提供的算是科技嗎？當然，如果從提升女性運勢和生活品質的角度來看，我們也算女性科技吧。

角間　那一類雜誌也會介紹其他相關的品牌，妳們會跟那些品牌合作嗎？畢竟D2C品牌之間比較少有合作的傳聞。

小林　如果合適的話我當然有興趣合作。只不過，我認為與其跟D2C品牌合作，跟既有的知名品牌合作比較有創新的空間。

角間　原來如此，那容我再請教一個流行問題。**現在有不少線上看診或線上諮詢的服務**，妳們有考慮這種線上的溝通或交流嗎？

小林　我是有考慮過，我們在LINE和其他通訊軟體上也有盡量在做，但我不想做那種太膚淺的交流和溝通。

角間　不好意思，我之所以會問這個問題，主要是有越來越多的D2C企業，偏離了D2C本來的經營方式。我看過妳之前的報導，妳說其實不希望自己的品牌被歸納為D2C。關於這一點妳是怎麼看的呢？還請指點一二。

小林　讓我比較遺憾的是，有些人做D2C只想著賺錢，完全沒有自己的哲學，反正就是跟風做一樣的東西，然後死命打廣告那樣。

角間　我懂，他們打著D2C的幌子，但骨子只是單純的聯盟行銷，大概有三成都是那樣。但這方面的界定其實很模糊，妳有沒有什麼建議，可以提供給未來要入行的後輩？

小林　我認為關鍵是「對等的關係」。跟消費者還有員工保持對等的關係，是最理想的。

這跟大企業製作新商品賣給消費者，完全是兩回事。**我們不是高高在上提供服務，而是真的跟大家一起打造品牌，這才是我們跟消費者的關係。**人們通常都把D2C當成一種單純的商業手法，我覺得這不太對。

角間　原來如此，妳認為「彼此的關係」很重要。那麼，誰來塑造那樣的關係也很重要囉？

小林　是，誰來塑造也很重要，還有一個關鍵是「哲學」。**跟看得到的對象合作固然重要，但哲學也同樣重要。**換句話說，你究竟要用什麼樣的哲學，來服務哪些對象？

角間　妳在慶應的研究所研讀「設計思考」，妳的「哲學」思維也是從那學來的嗎？

小林　對，我和王小姐都有學過設計思考。在設計品牌還有製作商品的時候，這樣的思維其實非常重要。

角間　那麼，該如何確立「品牌的哲學」呢？

小林　我認為這要看你的**「信念」**。DAYLILY的哲學是，找出最舒適的生活方式。找到自己深信不疑的信念非常重要。

角間　意思是，要真心喜歡那樣的信念，並且貫徹到底是嗎？

小林　沒錯，不是用頭腦去想，而是用身體去感悟。**在腦袋還沒思考之前，身體就要感覺到商品的舒適性才行。**當然，這屬於設計思考的話題了。

角間　對於那些想要創立D2C企業的人，設計思考是一門很有幫助的學問對吧。那妳從設計思考得到的哲學啟發，在DAYLILY是以何種形式呈現的？

小林　不管是來店鋪消費的體驗，還是使用商品的體驗，我們會徹底檢討消費者是否感到舒適愉快。在做決策時，我們也會參考自己使用商品的體驗。這是很符合設計思考的做法。

角間　那在這樣的前提下，妳們未來有什麼商品開發的願景，或是想嘗試的新想法嗎？

小林　我們是生活風格品牌，未來想要打入食衣住行等各種生活層面。一開始我們的主要客群跟自己差不多，都是二十到三十多歲的女性，最近也有推出適合更年期婦女的商品了。在女性不同的人生階段中，提供必要的商品，我認為這是最理想的。

角間　DAYLILY的商品包裝十分簡約洗鍊，但並不是沒有自我風格，從行銷層面上來看，也未必沒有賣相，這是妳們刻意安排的嗎？

小林　關於設計風格，我們常用「守護性」一詞來作為主要概念。事實上，漢方在台灣人的生活中，就相當於一種保護身心的東西。DAYLILY也謹守那種要素和風格，在商品和設計層面上也一樣。我們希望自己的產品，可以成為女性生活中的保護傘。

角間　所謂守護性的設計，具體來說是什麼風格呢？

小林　比方說，橘色是一種溫暖心情和體溫的顏色，另外稍微複雜一點的設計，也有留意到這種守護的精神。現在的D2C品牌太過單調，大家的設計都差不多。當然這也沒什麼不好，但我想跟其他品牌做出區隔，也就是真的在生活中保護我們的消費者。

重視與消費者的距離感，關鍵在於「輕鬆自在」

角間　那我換一個問題，販賣漢方這種東西，沒有跟消費者面對面交流諮詢，是不是很難提供確切的服務？

小林　也不會，嚴格來講我們提供的不是正統的漢方藥物，我們希望消費者輕鬆選購，這也是我們想推廣的概念。

角間　所以，妳們不打算只做電商平台的交流就對了？

小林　這我們沒想過，畢竟跟消費者交流很有趣。

角間　妳是指跟消費者面對面談話？

小林　對，實際見面的那種「交流」，不是線上可以比擬的，你會感覺到更深厚的聯繫。只做線上交流的話，有些人在線上買完商品就了事；至於願意來店裡的，不管在線上還是在店裡都願意消費，而且也會經常光顧店鋪。這兩種模式的關係，真的完全不一樣。

角間　要營造這樣的關係，只靠線上交流不夠，還是要有實體店鋪就對了？

小林　沒錯，另外負責顧店頭的姊妹也很重要。目前負責顧店頭的姊妹共有四十人左右，**她們會用自己的話語和消費者溝通，這也是形塑我們品牌風格的一大要素。**多虧有她們的說明和詮釋，我們的品牌路線才會越走越寬廣，這一點非常有趣。

角間　換句話說，那些姊妹也在帶動品牌進化囉？

小林　對，就是那樣。

角間　不過，這一次疫情爆發，電商的重要性與日俱增，妳們在數位化這一塊上面有什麼新的展望嗎？

小林　我想帶給大家更美好、更雀躍的體驗。**不管消費者在網路上購買，還是在店鋪購買，我希望她們可以感受到，DAYLILY非常了解她們的需求。**目前我們還在摸索，該如何帶給消費者那樣的體驗。

角間　對了，剛才妳有提到，妳們追求的是「對等的關係」，跟大企業提供新產品給消費者的關係不一樣。請問，這種關係也算是時勢所趨嗎？

小林　**消費者在日常生活中，其實對單純的消費行為已經感到厭倦了。**消費者追求的是跟自己契合的東西，或是認同廠商的某種哲學，才會買來在日常生活中使用。我想，我們的觀念也算順應這種趨勢吧。

角間　我懂了。

小林　我本來在電通這家廣告代理公司上班，當時的工作是替客戶辦理新事業。有的大客戶也有採用類似D2C的商業手法，但我看到後來，發現他們還是只會做生產。組織的規模太大，就只能照著既定的方式提供商品和服務。消費者其實也看得很透澈，**你表面上做得很像D2C，骨子裡還是給人家大業大的感覺，這很難解決。**

角間　大企業也沒辦法做小規模嘛。

小林　到頭來，他們也不曉得自己為何要生產那些東西。

角間　果然是這樣啊。重點在於，有沒有重視消費者個人的部分對吧。最近D2C也有很多類似的觀念，好比**「深耕在地」**就是一例。請問DAYLILY有這樣的思維嗎？

小林　這對我們來說是很重要的概念，畢竟我們是在台灣起步的，我們也很清楚「深耕在地」就是品牌的核心，所以也沒有忘記傳達這種概念。

角間　選在COREDO室町二樓開店，就某種意義來說也是保留「台灣味」是嗎？

小林　對，在那邊開店的「誠品生活」，也是台灣極具代表性的品牌，而且那是他們在日本開的第一家店鋪。

角間　DAYLILY很重視跟消費者的親密關係，這一點大企業很難辦到。不過，既然妳們出來經商，沒有想過要把企業做大嗎？

小林　我們一直希望亞洲女性可以過得健康又快樂，因此也有考慮過，如何讓更多人了解我們的理念。我是打算多多活用跨境

電商服務，還有增加店鋪。

角間　可是企業的規模做大，跟消費者難免疏遠，妳有想過該如何保持親密的距離感嗎？

小林　我是想保留現在這種「隨和」的氣息，也不是非得要追求完美，或是一定要做出完美的商品。我們不可能永遠止步不前，但我想保留**跟消費者「集思廣益」**的風格。
我想繼續跟員工、消費者保持「好姊妹」的關係，這才是最理想的。

有大批狂熱粉絲的健身品牌「VALX」

D2C 不該太依賴廣告，
而是要直接面對消費者，
養出一批狂熱的粉絲。

槓桿股份有限公司

只石昌幸

採訪者：角間實

VALX 是健美選手和私人教練愛用的 D2C 品牌，特色是不依賴廣告，主打山本義德這位健身教主的魅力，養出一批狂熱的粉絲。另外還利用社交平台和粉絲交流，在 YouTube 上傳大量的健身影片。對粉絲的關照可謂無微不至，其他 D2C 品牌難以望其項背。VALX 的戰略究竟是如何布局的？

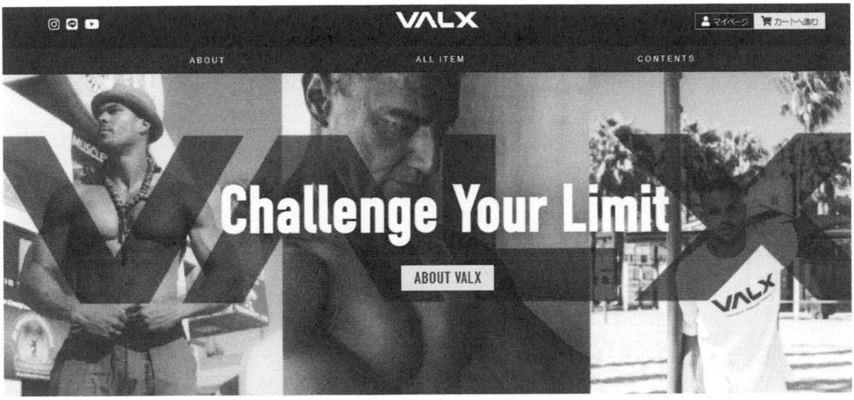
VALX
マイページ
カートへ進む
ABOUT
ALL ITEM
CONTENTS
Challenge Your Limit
ABOUT VALX

VALX

鎖定上流階層的健身專家

角間　**你們創立品牌一年多，不過度依賴廣告，累計銷量就突破了十萬大關。**可否說明一下，「VALX」這麼成功的品牌是如何創立的？

只石　VALX是健身型的D2C品牌，二〇一九年十月五號才開始販賣商品。商品主要是蛋白營養素和營養劑這一類的東西，特色是不依賴廣告，主打山本義德這位健身教主的魅力。我們請山本先生擔任顧問，並在YouTube和其他社交平台上販賣商品。

角間　請具體談論一下，你們的目標客群好嗎？

只石　一般健身品牌創立後，都是先從蛋白營養素做起。我們剛入這一行，因此也不打算爭食這一大塊市場，而是針對特定客群生產商品。我們找到確切的市場需求，做出「EAA9」這種含有九大必要胺基酸的營養劑。現在健身界不少人都是服用BCAA這種含有三大胺基酸的產品，其實服用人體無法自行生成的九大胺基酸，才是最有效率的。因此，我們的戰略是**針對那些專業健身人士，他們對營養劑的配方也特別講究。**

> ──BCAA含有三種必要胺基酸，EAA則有九種必要胺基酸，比HMB、BCAA更加高檔。人體由蛋白質生成，而生成蛋白質少不了胺基酸。

角間　原來如此，健身產業也鎖定上流階層就對了。

只石　我們先用EAA鎖定特殊的客群，接下來再推出「WPI」蛋白營養素，這一款蛋白營養素的蛋白質含量高達九成以上，也是專門賣給健身專家的。未來我們打算賣另一款「WPC」，這是賣給一般健身客群的（本次採訪是在二〇二〇年十二月進行）。換句話說，我們先推出「EAA」，再推出「WPI」和「WPC」，由上到下廣納不同階層的粉絲，這就是我們的戰略。

牛奶含有百分之二十的貴重乳清蛋白，從乳清蛋白提煉蛋白營養素多半有兩種方法。市面上的主流商品，是製程簡單又低成本的WPC；WPI則是徹底去除不純物質，把蛋白質含量提高到九成以上。後者的吸收速度快，不會浪費辛苦訓練的效果，追求高品質蛋白的客群非常喜愛這樣的商品。

角間　這是你一開始就決定好的戰略嗎？

只石　是我一開始就決定的沒錯。

角間　眼光真獨到呢。

只石　這就要談一下為何我們要做健身產業了。四年前，我們辦了一個平台叫「減重管理員」（https://concierge.diet），用意是替每一位減重的人，找到適合他們的客製化健身服務。**同時我們也跟兩千名健身教練建立起合作關係。**

那時候我們對教練做過問卷調查，詢問他們想跟誰學健身，結果幾乎所有人都選擇「山本義德」。於是，我們請山本先生做顧問，販賣專業健身教練也喜歡的商品，所以就做出了**高品質的胺基酸營養劑**，鎖定專業的健身人士。

山本義德是健身和健力界的傳奇人物，在國內外各大比賽多次奪冠，堪稱是無人不知無人不曉的大人物。YouTube 頻道「山本義德健身大學」的訂閱人數超過三十三萬人。

角間　真是了不起的戰略，那商品開發又如何呢？一般的D2C品牌，都會採納顧客的意見來開發商品不是嗎？

只石　有一點我們非常堅持，就是講究配方和設計，只推出真正有價值的商品。重視顧客的消費體驗和感受，自然會有好的口碑，銷量也會越來越好。

所有知識都是在基恩斯學的，離職後遭遇一連串挫折

角間　話說回來，你的品牌創立也才一年多，為什麼VALX會如此成功呢？

只石　這跟我的人生經歷也大有關係。**我自己還有另外一家叫槓桿的公司，那家公司的行銷手法都是跟「基恩斯」學的。**

角間　基恩斯？你是說那個全日本薪水最高的大企業？

只石　是，我大學畢業就到基恩斯上班，我會的經商手法都是在那裡學的。**我們創立的公司很看重規範，而且只做其他人沒做過的事情，這些都是跟基恩斯學的。**

我離開基恩斯也沒有一開始就創業，日子過得也不是特別順遂。這說來話長了，沒關係吧？

角間　當然，請說。

只石　我在求職的時候，真的很想進基恩斯上班，因此我做了一件不太好的事情。我挑上了六間大學，除了東大以外，我潛入剩下五間大學的學生事務課，偷抄畢業生的電話號碼。我打給七十二個進入基恩斯上班的學長，請教了很多問題，好比該如何進入基恩斯，還有什麼樣的人在公司比較活躍等等。

角間　也太厲害。

只石　基恩斯是超一流的企業，就像我剛才說過的，在日本所有的上市企業中，基恩斯的年薪也是最高水平。我任職那時候平均年薪也有一千六百萬，僅次於富士電視台。照理說我這種人是不可能錄取的，但我在面試的時候，徹底偽裝成他們想要的人才。

就某種意義來說，這也算是一種成功的人生體驗。潛入學校機構固然不可取，但也多虧我敢衝，才爬上了一個人生的新高度。所以我也不後悔，接下來才是重點。我的確進了基恩斯，只可惜是用投機取巧的方式混進去，並沒有真正的實力，幹了三年就被辭退了。被辭退的隔天我就跑去做男公關。

角間　你是說陪酒的那種？

只石　對，可是我畢竟是大專生，而且又曾在一流企業待過，自尊心也特別高，不肯跟別人打聽這一行的訣竅。當然，別人也不願意教導我，到頭來也是做不順，做兩年就跑了。

角間　原來你還有這樣的過去。

只石　接下來真的過得很潦倒。我也不敢跟過去的朋友聯絡。直到有一次我打電話給朋友，人家好心幫助我，還有人送我二手的電腦，我就用那一台電腦開始做聯盟行銷。

當時，我想靠聯盟行銷做出一番成績，於是就跑到聯盟行銷的相關公司，請他們介紹這一行最成功的人士給我認識。後來我跟那個成功的人學習，很快每個月就有一百萬的收入。我這才發現，**要成功就得向別人打聽方法，然後按照正確的方法來做。**

角間　意思是你捨棄了不必要的自尊心對吧。

只石　是的，所以**從我創業到現在已經十四年了，有不懂的事情我還是會去請教別人。**ＶＡＬＸ也是一樣，我在決定做網購以後，就請教過三十多個專業人士。包括D2C企業的社長、行銷專家、物流專家等等。

簡單講，就是徹底複製別人成功的模式。萬一失敗了，就聆聽成功人士的建議，重新嘗試一次。也就是徹底執行PDCA循環，我才有現在的成就。YouTube頻道我也是經營一年半就有三十一萬人訂閱了，這番成果也是請教得來的。

角間　原來如此，果然學習是非常重要的。

只石　當然我的團隊也十分優秀，我的員工都是一些自我要求很高的人。對於優秀的員工，你要告訴他們訣竅，放手讓他們去執行。用最有效率的方式經營，才能一下子就獲得這麼大的成就吧。

不過，許多人都不懂得請教別人。

角間　怎麼說呢？

只石　比方說，也有不少新創企業的社長跑來找我玩。他們說也想跟VALX一樣，努力做網購這一塊。我問他們想怎麼做，他們也據實以告，但並沒有徵詢我的意見。然後講完自己想講的就走人了，我都不知道他們來幹麼的（笑）。

角間　難得有機會跟你碰面，竟然沒請教你啊？

只石　都沒有啊，他們只想用自己的方法來做。當然，這樣也沒什麼不好啦。只是身旁已經有人成功了，為什麼不請教一下呢？可能是不希望被別人否定，所以不敢聆聽建言吧。

D2C要直接面對消費者，不要依賴廣告

角間　有些經營者不希望自己的品牌被稱為D2C，你是怎麼想的呢？

只石　直接面對消費者的品牌，才稱得上真正的「D2C」，可惜大部分都會依賴廣告。因此我們有舉辦座談會，實際去了解消費者的感受。

我也不會反對D2C的稱號，或是特地去否定什麼。**既然要直接面對消費者，那就應該多花一點時間去了解消費者。**

角間　請問一下，你們的銷售廣告成本比例是多少？

只石　目前在百分之十以下。

角間　咦？真的嗎？

只石　是，**以一個電商來說，我們的銷售廣告成本比例非常少。因為我們徹底活用 YouTube 和各種社交平台，才能實現這樣的目標。**最有趣的是，YouTube 吸引到的消費者顧客忠誠度很高，解約率不足百分之八。

角間　這數字太了不起了，意思是聆聽消費者的心聲，才是不依賴廣告的最佳方法嗎？

只石　除了這以外沒別的了。**我每天會上推特自搜三、四次**，主要搜尋VALX、EAA9、山本義德、槙桿股份有限公司等關鍵字，還有我的名字。如果消費者對商品有不滿，我也會直接傳送訊息跟他們聯絡。

角間　你親自聯絡嗎？

只石　是的。

更進一步講，多花一點心力做這些細心的應對，粉絲會更加

狂熱。**我們的KPI不是增加粉絲數量，而是創造狂熱的粉絲。**順帶一提，我們的狂熱粉絲都有一個共通點，你猜一猜是什麼？

角間　是什麼呢？

只石　**在社交平台上發文**。

角間　原來如此，因為真心喜歡你們的商品，所以上網替你們宣傳是吧。

只石　沒錯，跟他們的親朋好友宣傳。多增加一些狂熱的粉絲，是對大家都有好處的超級D2C戰略。

時下商品太多，大家追求真正好的商品

角間　VALX還有所謂的個人健身教練，他們熱心販賣商品也是一大關鍵吧？就某方面來說，他們很像承銷商是吧。

只石　當然這也是一大關鍵，他們不只是賣家，本身也是買家喔。

角間　原來如此，所以沒有落差就對了。

只石　我也沒把他們當單純的承銷商，**並不是他們幫我賣，我就單純給他們錢，而是他們拜託我給他們販賣的機會。**

角間　了不起！

只石　我就是讓他們這麼狂熱，**感動那些專業的健身教練是我的一大目標。**

角間　的確，專業的教練就是最棒的宣傳者嘛，也是跟消費者最親密的人。

只石　商品的功能確實很重要，但你還要加入故事性才行。你要讓大家知道，為什麼你生產這樣東西？為什麼你想賣這樣的東西？有這兩大要素，消費者才會產生共鳴。買過的消費者替你宣傳，你就不用依賴廣告。D2C品牌要對抗大企業，這才是正確的戰略手段。

角間　這種做法也比較有趣嘛。就好比熱愛拉麵的拉麵店老闆，想要讓客人吃到一碗好吃的拉麵一樣。我認為這樣的念頭就是D2C的原點。

只石　蘋果的iPhone不是裝在白色的盒子裡嗎？你握住上面的盒蓋，下面的盒子就會自動往下滑落不是嗎？你知道那盒子會在幾秒內打開嗎？

角間　幾秒呢？iPhone連打開的秒數都有算好嗎？

只石　我記得是七秒，八秒以上消費者就會開始不耐煩了。但太早打開的話，又會降低消費者的期待感。為了追求這七秒，才會有那個容器。讓更多蘋果粉絲滿懷期待地接觸商品，是蘋果的一大戰略。

我們也會運用社交平台，讓消費者在打開商品的那一刻滿懷期待。

角間　現在這個時代商品很多，大家買的是體驗不是商品。想要有舒適消費體驗的人變多了，所以這種戰略是成功的。

只石　沒錯，我們也明白現在商品太多了。過去我在基恩斯學習行銷，學到了一個理論，那就是**跟其他廠商做一樣的東西不會大賣。後來我更進一步追求，想弄清楚什麼樣的商品才會受到青睞。**這種追求就是我們品牌的存在價值。雖說現在D2C很流行，但一股腦跟風，整天追求LTV（Lifetime Value，可從消費者身上持續獲得的利益）是不可能成功的。

因此，在這個商品過剩的時代，我們每天追求自家商品的附加價值，弄清楚自家商品販賣的體驗是什麼，想方設法挑起粉絲的狂熱。而我們現在做的，就是答案。

角間　意思是，要有非常真摯的經營態度就對了？

只石　很多人只會思考大賣的方法，其實**應該專心聆聽市場的聲音，花時間好好反問自己，到底要做什麼樣的商品才對。**

當然，我不是說完全聽從消費者的意見，沒有自己的主張是一件好事。不過，就某種意義來說我們自己也是消費者，你應該站在消費者的觀點，思考有哪些東西是其他廠商沒做到的。我認為從這種角度出發也不錯，自己的心聲也算是消費者的意見嘛。我想提醒大家，重視消費者的意見非常重要。

想要透過VALX改變D2C的常識，以及消費者的價值觀

角間　聽你說了這麼多，看來D2C的關鍵不只是要賣什麼，還有「誰來賣」也很重要。關於這一點你是怎麼想的？

只石　日本戰後缺乏物資，那是一個生活困苦的時代，就算你跟其他廠商生產一樣的東西，也同樣會賣，因為當時的物力太匱乏了。現在這個時代什麼都有，東西太多了，人們反而不知道該買什麼才好。未來我們挑選商品時，會聽從自己尊敬或喜歡的對象。以我個人來說，我很喜歡看書，我看的書幾乎都是其他大老闆推薦的，或是看人家推特介紹才買的。

角間　原來如此。

只石　簡單說，你隨便找個知名度不高的阿貓阿狗來推廣，是絕對不夠的。VALX不是只有在推出商品時，才請山本先生露面。我們每天會在YouTube的頻道，上傳各種健身或減肥的教學影片，順便提供消費者商品。YouTube不只是販賣的頻道，雖然我們的品牌只有一年多的資歷，但這是我們跟其他品牌不一樣的地方。

角間　換句話說，**山本義德不是單純的代言人，而是形象戰略的一部分**是嗎？

只石　就是這麼回事。除此之外，定期購買EAA9的消費者，我們會提供非公開的YouTube健身影片，每一次發售也會提供特殊紀念品。總而言之，**我們盡可能建立更多的聯繫，維持我們跟消費者的關係。**YouTube本身就是最強的聯繫手段，我認為其他品牌這方面做得太差了。因為缺乏雙方面的聯繫，只好勉強消費者加入會員，然後消費者加入以後，就故意減少應對窗口，也不教他們怎麼退會。

角間　根本是強迫消費者的手法。

只石　這種手法只會降低他們看重的LTV，**真的想提升LTV，關鍵在於多養一些狂熱的粉絲。**

角間　最後可否談一下你的品牌哲學呢？你想透過VALX這個品牌改變什麼？有沒有想要展現與眾不同的經營哲學？

只石　我想透過VALX的商品，帶給消費者更多的歡樂。

過去消費者只是慣性購買蛋白營養素，買來的胺基酸也不曉得裡面成分是什麼。我希望提供有故事性的商品，而且商品的優點要有真憑實據，這樣消費者才會認同我們，真心支持我們。最好消費者每次打開商品，看到山本先生的肌肉照片，就會產生一種雀躍的心情。**我要透過這種蛋白營養素和營養劑，讓大家了解健身和運動的樂趣。**

重視益菌的健康品牌「KINS」

用最快的速度打造最棒的團隊，
不要害怕承擔風險，
才是通往成功的捷徑。

KINS 股份有限公司

下川 穰

採訪者：角間實

KINS 是由牙醫創立的益菌保健品牌，善用 Instagram 和 LINE 等社交平台，吸引對健康或美容有興趣的女性消費者。最大的特色是具備專業的醫療背景，並且十分看重顧客滿意度。幾乎沒有花任何廣告費，便創造出極佳的 LTV。這種營運模式究竟從何而來？

PRODUCTS SELECT JOURNAL NEWS RADIO ABOUT
KINS

KINS
SUPPLEMENTS
for your
SERUM

持續追求數量與質量的極限

角間　ＫＩＮＳ是主打「益菌」的保健商品品牌，也獲得相當多的關注。首先，請你介紹一下這個品牌的概要。

下川　我們希望推廣益菌養生的概念，因此ＫＩＮＳ的營養劑和化妝品，也是基於這種概念設計出來的，只不過是採用訂閱的販賣方式。二〇二一年四月，我們打算推出保養頭皮的益菌洗髮精（採訪時間為二〇二〇年十二月）。

角間　你怎麼會看重益菌呢？

下川　我以前是當牙醫的，而且在診所當了四年的理事長，主要診治患者的口內益菌狀況。當時，我們跟東京大學一起做研究，把最先進的益菌技術應用在治療中，治好了不少慢性疾病患者，甚至還改善了憂鬱症患者的症狀，這些都是我親眼所見。

角間　這麼厲害啊！

下川　話雖如此，私人診所的治療不適用健康保險，價格十分昂貴。因此我才出來自立門戶，**推廣益菌養生的知識和觀念。**

角間　換句話說，KINS推出的是改善健康的治療性商品？還是預防性商品？

下川　從醫療的觀點來看是預防性的商品，但從消費者的觀點來看，比較接近治療性商品吧。好比肩膀痠痛本身不算是疾病，但對消費者來說是很困擾的健康問題。反過來說，過敏算是疾病沒錯，但又不需要去醫院看病。很多人在日常生活中，都有類似的病痛和煩惱。

角間　販賣這一類保健商品挺麻煩的吧，畢竟在網路上宣傳，哪些話能講、哪些話不能講的基準很難拿捏。

下川　與其說我們賣的是商品，不如說我們是在**推廣益菌養生的文化**。例如網路上有「活化腸道常保健康」的資訊對吧？那純粹是提供資訊而已，消費者只知道活化腸道有好處，但根本不曉得該選擇什麼商品。因此，他們吃了很多健康食品也感受不到功效。我們的品牌戰略，就是讓這些消費者來KINS找到他們要的答案。

角間　很多賣保健商品的人，對健康知識都是一知半解，而你們是從專業的角度出發，也比較務實對吧。

下川　是的，我們就是主打專業，跟其他品牌做出市場區隔。其他品牌要學我們的做法，也沒那麼容易。

角間　你說你想要推廣益菌養生的觀念，要做到這一點，你有什麼特別的講究嗎？

下川　我在設計上下了很多功夫，希望有更多人注意到我們的商品。不過，**我更重視「追求真正的效果」**。一般來說，太追求商品功效反而會疏於行銷。唯有KINS不斷克服這個矛盾，持續追求功效，而且力保行銷完善，這也是我們的驕傲。

角間　原來如此，因為你本身是醫生，商品功效想必是有保證的。問題在於設計的部分，你是在早期的企畫階段，就找上 Takram 這家頂尖的設計公司嗎？

下川　對，我一開始就找上他們了，這也是有原因的。**自己要成為一流，最好的方法就是接觸一流的人事物。**我從起步就想僱用最好的人才，但新創立的小團隊很難做到這一點，只好先尋求業務上的合作，透過工作經驗促進員工的成長。除此之外，我還有找一流的文案和經營顧問來幫忙。

角間　這麼說來，KINS也是一流文案團隊想出來的名字囉？

下川　本來我的公司名稱是「益菌研究所」，但在決定品牌名稱時，人家建議我取一個比較簡單易懂的名字，最好公司名稱跟品牌名稱一致。

所以，我遵照建議找來專業的文案團隊，跟他們討論出十幾個名稱，逐一精挑細選。最後留下的就是「KINT」，意思是與益菌共生，然後又演變成KINS。最後投票表決時，除了我和文案團隊的老闆以外，大家都投「KINT」。

角間　投票對你不利呢。

下川　我們的主要客群是女性，女性員工喜歡的名字照理說不會有錯啦。只不過KINT這個名字，未來要是有其他益菌品牌出現，很可能會有其他同樣名字的品牌。KINS感覺就一強獨大，不會有其他人採用。所以我跟他們道歉，用我喜歡的KINS來當作品牌名稱。

角間　的確，KINS比較有衝擊性。總之，你在草創階段就打造出一流團隊了。

下川　企業草創階段，不管你是要用生產導向，還是要用行銷導向，通常都是採取精實創業的方式，盡量減少成本支出。這個方法我只認同一半，有些部分我是不贊成的。

所謂的「精實創業」，就是盡量不耗費成本，試著做出最基本的商品或服務，來觀察消費者的反應。之後再做出消費者更喜歡的商品或服務，號稱是創業的典型手法。

角間　為什麼你不太認同呢？

下川　**雖然我們不能無視消費者的意見，但消費者並不具備「真正的答案」**。

換句話說，真正的答案介於生產導向和行銷導向之間。必須做出超越市場預期的商品，只有實力夠高的人才有辦法達到那種境界。你僱用普通的設計師，也只會顧此失彼，可能商品外觀很漂亮，但上面的文字完全看不清等等，這樣是不行的。

我在挑選設計師時，很在意他們**能否抓到設計的重點**。所以，我一開始還沒有營利，第一年度就燒了不少資金。

角間　都是自有資金嗎？

下川　自有資金兩千萬，種子募資一億日圓。

角間　種子募資就募了一億日圓啊？這已經不是種子募資該有的金額了。

所謂的「種子募資」，就是企業處在尚未萌芽的種子狀態，為了釋出商品或服務而調度資金的意思。由於創業需要人事費這一類的基本營運開銷，通常募資金額多為五百萬到一千萬日圓不等。

D2C才能兼顧質與量

角間　再來我想請教一下品牌哲學，你有沒有想過，要靠自己的品牌來改變社會？

下川　我的初衷是**推廣益菌養生，讓大家都有這樣的觀念。**而我推廣益菌養生的原因，主要是希望治好人們的慢性症狀和慢性病。現在的醫療多半是採用對症治療，比方說感冒了就吃退燒藥，但大部分人都沒有想過，為什麼我們會感冒？其實應該從根本下手才對。

角間　這就是你著重益菌的原因嗎？

下川　是的，靠益菌養生拔除病根，只要這種觀念普及，就能改善大眾的體質了。化妝品也是一樣的道理，光是改善毛孔固然可喜，但我們真正看重的不是表面，而是**皮膚的益菌均衡如何轉變。**我們有找專業的資料分析團隊，進行定點式的追蹤，效果不好就重新開發商品。這就是KINS的開發循環。

角間　對了，KINS被當成D2C企業，這一點你怎麼看？

下川　其實我也沒有D2C的相關知識，我本來以為用Instagram或推特宣傳就算D2C了。也就是說，我們是益菌企業，不是D2C企業。應該說，益菌企業要用訂閱的方式營利，又要把商品和資訊持續傳遞給消費者，除了D2C以外也沒有其他方法了。

角間　所以事後回過頭來看，你們剛好是D2C就對了。

下川　我認為**跟消費者溝通的質與量，比數位化重要得多了。**不然，早在幾十年前就有訂閱商品的郵購服務了，為什麼那些企業不算D2C呢。

所以，用免費的方式進行更頻繁、更廣泛的溝通，提升溝通的質與量才是D2C的特點。這是很了不起的發明。

角間　這麼說也有道理。

下川　我們現在用Instagram和推特跟消費者溝通的量能，在十年前是你絕對無法想像的。過去大家都是用信件交流的嘛。

換句話說，**D2C真正的涵義是溝通上的革命。**

不過，很多D2C品牌不懂這個道理，他們只把溝通當成附加的服務，也不了解D2C跟以前的郵購服務哪裡不一樣。

角間　D2C的D是Direct的D，代表「直接」的意思。D2C的架構改變了「直接」的含意，也改變了溝通的本質。可否再具體說明一下，你們在溝通上的質與量？

下川　我們的LINE每天會收到幾百則消費者的訊息，當然我們也會跟消費者交流。Instagram則有一對一交流的私訊，還有一對多的限時動態和直播功能，以及用貼文的方式溝通。所以全部加起來，每天都有好幾千的溝通量能。

角間　LINE也是一對一交流嗎？

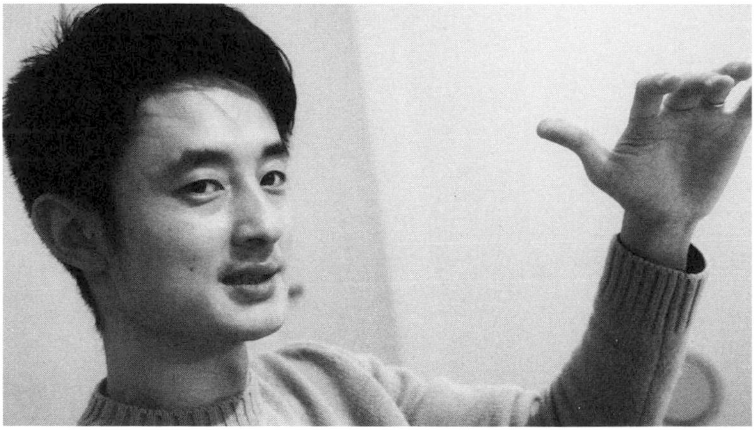

下川　是的，不過只限會員。加入會員的消費者，我們會登錄到LINE上，消費者可以找我們諮詢各種問題，好比購買商品的建議，或是解決生活上的煩惱等等。

角間　相信不少消費者也是看上這種服務，才加入會員的吧？

下川　是的，確實不少。

角間　這種營運方式，跟過去的郵購訂閱有明顯的差異呢。

下川　溝通服務做得太大，我們自己都忙不過來了（笑）。

角間　販賣這種美容或保健商品，通常都是找網紅或美容專家幫忙宣傳，你們實際有採用這樣的方式嗎？

下川　當然也有，但我們不是單純請網紅宣傳，而是**召開KINS的座談會，請他們來座談會上實際試用商品。體驗過我們商品品質的網紅，自然會用社交平台積極幫我們宣傳。**用這種方法也比較容易跟網紅打好關係，因此與其說他們是網紅，不如說是有大量粉絲的好友。

角間　你們的座談會是什麼形式呢？

下川　每個月大概會舉辦三到四次吧，每次兩個小時，由我主講各種益菌話題（笑）。大家可以來我這邊學習，總之就是慢慢吸引有興趣的人。

角間　在早期辦座談會我想是絕對有好處的，你是在什麼時期辦的呢？

下川　剛起步的那半年，我就已經有辦座談會了。一開始也沒人聽過KINS，我就用盡各種方法增加知名度。**我們很重視品牌的哲學，起初也盡量不依賴廣告。**不過，不依賴廣告經營起來真的很辛苦。

角間　很辛苦是嗎？

下川　**花錢打廣告很容易就能買到曝光率。可是，你反而會失去消費者的熱情。**我們這一行重視的是，你能吸引到多少熱情的消費者？因此，讓喜歡我們品牌的人，在社交平台上替我們增加曝光率才是關鍵，不能靠買廣告做到這一點。其他追蹤者看到那些推廣訊息，轉而來追蹤我們的平台，接收我發出來的訊息，等於是一種追蹤人口的流動。我們一開始就拚命在做這種事。

角間　那確實很辛苦呢，二〇二〇年一月開始，你們還有做線上廣播對吧（https://anchor.fm/yourkins）？

下川　線上廣播是提供給那些特別熱衷的粉絲，**據說廣播媒體可以提升粉絲的參與度，以及他們的品牌忠誠度。**

角間　那消費者的反應如何呢？既然聽眾都是鐵粉，那他們應該很高興吧？

下川　其實，廣播媒體比較適合吸引男性，很多男性都是在通勤的時候聽廣播。前幾天，有個男性獸醫聽了我們的廣播，傳來非常熱情的訊息。據說，還有消化器官科的醫生一直在聽我們的廣播。

角間　大家都是專業人士，聽了你們的廣播想必深感認同吧。還有，聽說你們的消費者解約率非常低，這是靠什麼方法辦到的？

下川　方法很多啦，反正**就是即時蒐集消費者的資訊，不斷給予回應，我們就一直重複這樣的循環。**如果消費者服用KINS的營養劑，結果身體狀況沒改善，我們也不會坐視不管。未來我們會製造適合那些消費者的商品。還有一些商品是消費者很想要，但市面上沒有販賣，這種商品我們會想自己生產看看。實際做出來以後，效果好壞一定因人而異，沒效的人就繼續做新產品給他們。**持續這樣的PDCA循環，就是解約率不高的訣竅吧。**

角間　原來如此。

下川　還有，**我們會刻意讓消費者去了解KINS的品牌故事。**從這個角度來看，其實滿接近娛樂手法的。主要是在提供營養劑的時候，附上一些像網飛那樣的影片內容。

角間　這幾乎是一種業界革新了，你們當成文化在推廣就對了。

具備線上和線下優勢的全新診所

角間　你們有打算開設實體店鋪，或是做批發嗎？

下川　有考慮開設快閃商店，只是礙於疫情的關係，目前還沒有決定該怎麼發展。另外，自有店鋪也有考慮開設。至於批給其他業者去賣，必須維持品牌形象才行，所以我們也會按部就班來做。

角間　你們已經有讓其他業者販賣了嗎？

下川　目前有在 ESTNATION 和 RESTIR 這兩家選貨店上架，這兩家都是很高檔的店鋪，另外也有百貨公司請我們去駐店。

角間　所以跟你們的創業風格一樣，還是先鎖定上流客群嗎？

下川　當然，我們也希望盡快打響知名度，但俗話說欲速則不達嘛。我們新創企業是有短期決戰的考量，但也必須從長遠的角度來看事情。

從這個角度來思考，採用藥妝連鎖店的方式，比較容易有曝光率，但品牌形象反而會下滑。KINS的粉絲看了也會感到遺憾吧，畢竟**他們對KINS已經有很高的認同度了。**

角間　那去你們店鋪購買，可以只買一次來嘗試嗎？

下川　是的，全都可以單次消費。

角間　這麼說來，網購只有訂閱消費可選？

下川　也不是，網購同樣有單次消費，只是消費者必須選擇訂閱消費，才可享有肌膚健檢這一類的服務。

角間　那麼，你會想趕快開一家直營的店鋪嗎？

下川　嚴格來講，我想開一家益菌診所。

角間　你想開益菌診所？不是實體店鋪？

下川　現在我做了很多以前執業時做不到的事，開心那是當然的；但反過來說，有些事情一定要開診所執業才做得到。比方說，有的消費者會透過LINE來諮詢一些嚴重的疾病，我們反而沒法提供建議或診斷。

角間　又不能介紹特定的診所是吧？

下川　沒錯，所以我打算**開設D2C診所，也就是結合遠距離診療（線上診療）、社交平台、實體店鋪的診所。**如果我沒有自己出來創業，大概也想不到這個點子吧。因為患者一般離開診所以後，雙方就不再有聯繫了，也無法追蹤後續的發展，這就是醫療的現況。

角間　那是現實世界中要克服的問題。

下川　沒錯，這個部分仍然不夠透明。不過，網路公開透明多了，雙方接觸的機會也多。當然接觸機會太多也是麻煩，但只要搞定這個問題，線上交流對消費者和店鋪都有好處。

角間　這麼說也對。

下川　然而，**只靠網路也不夠全面。**這跟談戀愛是一樣的道理，你上交友平台找到對象，最終還是要約出來碰面嘛。平常上網聊天，重要時刻還是要見上一面。

角間　意思是要善用線上和線下機能就對了。

下川　D2C診所就是如此，可以從消費者的病根下手，至於不需要診斷的小病痛，就靠益菌商品解決就好了。而且實體店鋪不用開太多，盡量拓展遠距診療的功能就好。就好像一家小小的店鋪中，隱藏了無限的可能性一樣。因此，將來我打算開設診所，而不是單純的店鋪。

角間　對了，在LINE上面提供諮詢的客服，是你本人嗎？

下川　不是，我們有好幾名客服，隨時答覆消費者的疑問。

角間　每一位客服都要用同樣的應對方式答覆問題，不是件容易的事吧？

下川　我們有提供應對的示範，另外過去的問答案例也會建檔。消費者提出疑問後，人工智慧會自動提示相關的答案，我們有使用這樣的系統。

角間　你們沒有用人工智慧來答覆消費者？

下川　沒有，我們絕不會只用人工智慧打發消費者。

角間　那你們還有什麼樣的堅持呢？

下川　我們販賣的東西其實滿敏感的，所以答覆任何問題都要非常謹慎，千萬不能有差錯。

況且，消費者來找我們，不是想要得到人工智慧提供的服務。關鍵還是在於ＵＸ（消費者體驗）。消費者希望跟真人客服交流，解決心中的疑問和不安。**要回應消費者的期待，就只能依賴人力。**這方面我們始終全力以赴，而且經常檢討改進，不斷提升客服人員的素質。

角間　我也採訪過不少Ｄ２Ｃ企業，大家都有一個共通點，就是很踏實地做這些基本功。

下川　對，老實說這些工作一般企業不太重視。

角間　你們的肌膚健診好像半年提供一次，如果只是要吸引消費者，一開始提供一次就夠了，不用一直提供下去對吧？

下川　沒錯。這是販賣健康食品或化妝品的企業，最不能做的事情，因為萬一檢驗結果出來，發現消費者的狀況沒有改善，這等於是在打自己嘴巴。不過，認真對待消費者是我們很重視的經營態度。所以，就算檢查結果不好，我們也會把資料留下來檢討，這麼做需要非常大的勇氣。

角間　真的有檢查結果不好的狀況嗎？

下川　當然有，有時候是消費者本人感覺不錯，但檢查結果不太好。老實說，益菌檢測的數據還不夠完善，消費者的狀況是否真的惡化了，這也要看你從什麼角度來判斷。不過，我會親自說明現階段的可能原因，以及處理的方法。

從行銷的觀點來看，D2C確實是一大「革命」

角間　你有考慮進軍海外嗎？

下川　要不是疫情爆發，我們本來打算在紐約開設跨境電商。

角間　現在疫情持續延燒，對大部分電商來說反而有利，請問你們又是如何呢？

下川　沒錯，**二〇二〇年年底和年初時的營業額相比，足足成長了十九倍之多。**

角間　真厲害，你認為原因是什麼？

下川　可能人們面對疫情，觀念也有改變吧。一開始是想提高免疫力，之後變成活化腸道促進健康。剛好我們提出的觀念跟大眾不謀而合，而且**商品的使用感想不是透過網紅宣傳，而是一般消費者定期幫我們宣傳，這一點也非常重要。**

角間　消費者幫忙宣傳可信度比較高嘛。

下川　消費者在實際購物之前，會經歷好奇、感興趣、信賴、深受吸引、下訂單的階段。我們會在Instagram等社交平台上，呈現消費者這一連串的感情。雖然沒有廣告的速效性，但也建立出一套堅實成長的經營模式。而且，**消費者從廣告連結點進來的LP（登入頁面）都一樣，但從社交平台點進來每天LP都不一樣，尤其Instagram更是如此。換句話說，這等於每天都打不一樣的廣告。**

角間　的確。

下川　剛才我說過，我們的營業額成長十九倍，但廣告費用只成長兩倍。**CPA非常低，LTV卻非常高。**好的時候兩千日圓的CPA可以獲得七萬日圓的LTV。實不相瞞，我二十多歲也做過行銷業務，因此我非常清楚，這是革命性的經營模式。

CPA是Cost Per Action的簡稱，就是提升每一位消費者的轉換率（可以從點擊廣告的消費者身上獲得的成果）所耗費的成本，亦即獲得消費者的成本單價。LTV則是Lifetime Value的簡稱，也就是從消費者開始交易到結束交易的期間，能為企業帶來多少的利益，這是計算收益總額的指標。計算的方式為「購買單價×購買頻率×契約維持期間」。

角間　因為CPA不高，多出來的費用可以花在設計和文案上對吧。

下川　這部分算是嘗試性的投資，利潤也不太高就是了。我們的股東還罵我，怎麼不多投資一點呢，投資太少就沒意義了。

角間　換個角度想，這是很不得了的商業模式呢。順帶一提，你是當上醫生以後，才做行銷工作的嗎？

下川　我當上實習醫生就在做了，那時候每個地方的牙醫都飽和了。就算真的當上牙醫，大概也很難出人頭地。**我認為「媒體內容」和「行銷能力」特別重要**，而這兩個要素不是一朝一夕就能掌握的，我只好同時進行。

角間　當實習醫生又做行銷工作，也只有你這樣做吧？

下川　沒錯，所以我跟朋友一起去喝酒，大家都在聊植牙和鑽牙齒的話題，只有我一個人聊自己賣商品賺了多少，有點格格不入啊。有的人會勸我腳踏實地，也有人覺得我腦子有病，再也不跟我說話。不過，我心裡也有一個不客氣的感想，就他們這副不思進取的德性，連牙醫也幹不好。

角間　你當上牙醫後，也有在做行銷嗎？

下川　我做聯盟行銷賺到的酬勞，是牙醫薪水的五倍。總之我二十多歲那時候，滿腦子只想著賺錢。
也幸虧如此，我比其他人更早享受到好的生活。可是，整天只想著賺錢，這種人是沒有未來可言的。大家不是常說嗎，賺錢賺到最後，窮得只剩下錢。這話是有道理的。
到了三十多歲的時候，我發現這樣下去人生會完蛋，就大步往媒體內容的方向發展，也認識了我現在主打的「益菌」。

角間　這些都是很難得的經驗呢。

下川　所以，我現在反而對錢沒太大的興趣。成本率之類的我也不怎麼在意。一開始訂立創業計畫的時候，一堆人說我CPA設定太低，解約率也不可能這麼低。他們說我只顧理想，這樣沒辦法經營公司，也賺不了大錢。應該等公司營運上軌道，再這樣做比較好。

角間　這種話對一個新創企業的老闆來說，是最在意的事情吧。

下川　不過，對我來講，如果只是要賺錢的話，我維持二十多歲那時候的生活方式就好了。我之所以創業，主要是想印證一個問題。**當理想追逐到盡頭，到底有什麼在等待我？**

角間　了不起，這確實很像D2C企業該有的故事性。

下川　因此，我創業第一個月就是赤字。

角間　話說回來，要是有更多人超越賺錢的欲望，這個世界一定會更有趣吧。

下川　沒錯，當然要顛覆常識不是一件容易的事情，但好歹要挑戰一些新的東西吧。不然我們做的生意，說穿了就是在做訂閱罷了。不努力挑戰新的嘗試，創業有何意義可言？

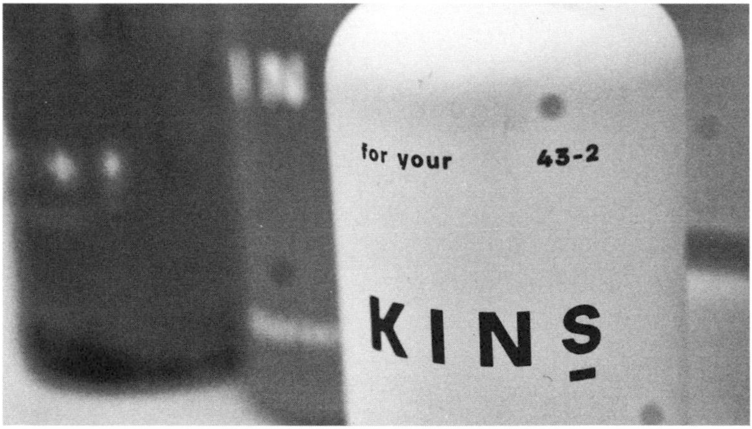

角間　不挑戰就只是遵循既有的模式嘛。

下川　很多D2C打著客製化的名義，對消費者做問卷調查，結果做出來的東西都大同小異，沒什麼太大的變化。我指的**挑戰新東西，意思是要做出無可取代的商品。**

角間　什麼叫無可取代呢？

下川　我們的消費者問卷調查，有一題是「如果明天KINS倒閉了，你會不會感到困擾？」**有百分之九十二的消費者回答很困擾，其中百分之五十的消費者還說，萬一KINS倒了他們也活不成了。**就算是龍頭大廠，也不會有這麼死忠的消費者吧。

角間　你們的品牌向心力很強呢，總覺得你賣普通的維他命C也能賣得很好。

下川　不敢當，我對單純的販賣行為沒太大熱忱。**沒有熱忱就不會有理想這種玩意。**

角間　確實如此，現在做D2C很重視所謂的初衷。

下川　對。不過，我認為這一點的確

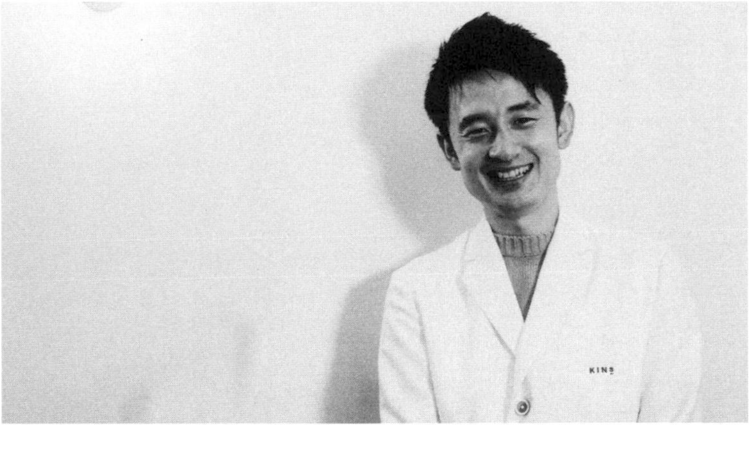

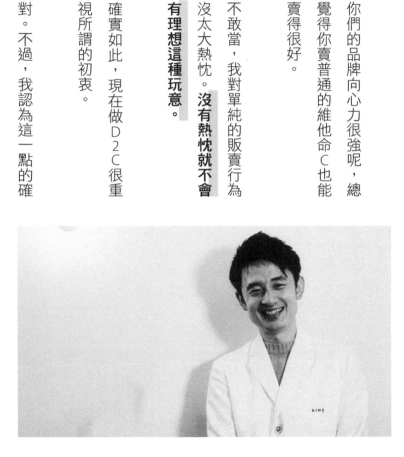

要注意。最近很多品牌只注重「品牌故事」，**有熱忱當然就有一定的吸引力，但你沒有內涵的話，被你吸引到的消費者，等於浪費了機會成本。**所以，有熱忱的創業者，也要保證同等的「品質」才行，不然消費者太可憐了。

角間　最後，請提供一點建議給D2C的後進吧。

下川　這種創業方法也許比較少人用，但我大概會告訴他們，**一開始不顧風險卯足全力，調度大量的資金，用最快的速度組織一流的團隊，這才是成功最短的捷徑。**如果我再創業一次，大概可以用同樣的方法，在更短的時間內成功。

第 2 章

到底什麼是 D2C ？

你是否以為D2C純粹是變相的網購？

二〇二〇年，新冠疫情對全球造成了莫大的影響，許多人也盡量不到店鋪去購買商品。使用電腦或手機上網購物的消費形式，再次受到全世界的矚目。

其中新創的成衣企業、美妝、保健食品之類的商品，很適合用網購的方式販售。不少品牌被冠上D2C的稱號，在逆境中嶄露頭角。而D2C正是本書探討的主題。

D2C直譯就是「製造直銷」的意思。

若只是單純的「製造直銷」，一般街上的麵包店、在電視上打廣告的業者，他們也算得上製造直銷。那麼，為何換成英文單字以後，就變成了流行用語呢？

我做過一項調查。

我找來D2C品牌的經營者，問他們到底D2C是什麼？

他們的答覆如下。

「純粹是『網購』的另一個說法吧？」

「這是品牌管理或行銷學的用語對吧？」

「應該是海外流行的銷售方式吧？」

「就是單純的直銷，只是英文聽起來比較帥，大家才這麼用。」

大家的說法都不太一樣。

D2C只是單純的流行術語？

所謂的「流行術語」，就是這種聽起來有點專業，又沒有太深厚的涵義，連定義和用法都含糊不清的詞彙。

如果我說D2C只是流行術語，相信各位也不會反對。

流行術語通常撐個半年就消失了。

不過，D2C還是歷久不衰。

這是有明確理由的。

「有些企業採用新的製造直銷模式，賺取了龐大的利潤。」

所以，我們可以換個說法：

「現在有一種很棒的賺錢方式和商機，但大家只重視表面的文字，沒有深入去了解新的方法該怎麼做。」

這就是Ｄ２Ｃ在日本的現狀吧？

那麼，這一套商業模式既然不是單純的直銷，它的本質到底是什麼？

Ｄ２Ｃ號稱有改變世界的潛力，向各位分享Ｄ２Ｃ的真正內涵，才是本書最大的要點。

找出D2C和既存商業模式的相異之處

只要大家把D2C當成單純的「製造直銷」，在一知半解的情況下使用這個字眼，就不可能正確了解D2C的內涵。公司內的電商團隊缺乏正確的認知，也不可能做出好的結果。

遺憾的是，這種跟風亂用D2C的現象屢見不鮮。為了找出正確的答案，我們就來比較一下既有的販售、網購、D2C這三者的差異。

各位站在消費者的立場，會想購買何者的商品？

如果你要購買當紅的高級商品，同時享受親切的服務，那的確應該去百貨公司消費。

圖一：D2C 和既有服務的比較

	既有的 百貨公司通路	既有的網購服務	D2C 網購服務
商品	流行商品	想要嘗鮮的商品	想要持續購買的商品
吸引客源的方式	雜誌、電視廣告等等	網路廣告為主	以社交平台的宣傳為主
通路	給百貨公司販售	給商城販售	自家平台販售
看重的要素	每月營收	每月營收	每位消費者的總體消費價值（LTV）
製造場所	多為中國或海外	多為中國或海外	多為國內製造
消費者的意見	難以打聽	難以打聽	可直接打聽
製造成本	多半不高	多半不高	多半較高
銷售成本	百貨公司承擔	商城承擔	賣方承擔
堅持	只注重商品	只注重商品	消費者實際購物以前的所有消費體驗都有堅持
哪種時代的銷售模式	一九二六年至一九八九年	一九八九年至二〇一九年	二〇一九年至今

純粹想要嘗鮮的話，直接用網購比較方便。

相對地，若不把消費當成目標，而是徹底思考消費者對商品的需求，利用商品豐富消費者的生活，那麼究竟何者占優勢？D2C品牌的知名度比不上百貨公司和網購商城，但以此斷定D2C不值得信賴，未免太過武斷了。D2C品牌大多在國內生產，很多商品都有持續吸引消費者購買的魅力。

D2C的真正涵義是什麼？

那好，我們來闡明D2C真正的涵義吧。

D2C有以下三大架構。

①以數位化為主體的製造直銷。

②重視公共關係、品牌管理、消費者社群。

③用商品提升消費體驗。

「直接」是這三者的共通要素。第一點是活用數位化科技，直接表達訴求。第二點是廠商直接介入公共關係，以此達到品牌管理的目標，建立消費者社群。第三點是用直接溝通的方式獲取反饋和資料，用來改善自家的商品，提升商品本身的價值。

換句話說，D2C和現存商業模式最大的不同，在於**透過「直接手段」提升消費者的消費體驗（User experience = UX）**。這就是D2C和一般製造直銷最大的差異。

對賣方來說最重要的不是中盤或批發，也不是行銷人員、廣告代理商、購物商城，最重要的是消費者愉快的消費體驗，一切以此為重。

也就是說，盡可能提升消費者感受到的品質和服務，這就是所謂的D2C。

你是販賣「汽車」還是販賣「幸福」？

「物質消費」的價值核心，在於占有商品本身；「體驗消費」的價值核心，在於購買商品所獲得的體驗。

以汽車為例各位就明白了。

汽車的硬體功能確實很重要。

對一部分的車迷來說，硬體功能就是一切。

不過，對平日經常開車的人來說，硬體功能未必高於一切。舉凡設計、舒適度、體感，都跟消費者的滿意度有關係。

比方說，**消費者購買一台休旅車，可能是想載家人一起出去露營，晚上**

圖二：D2C 的三大要素

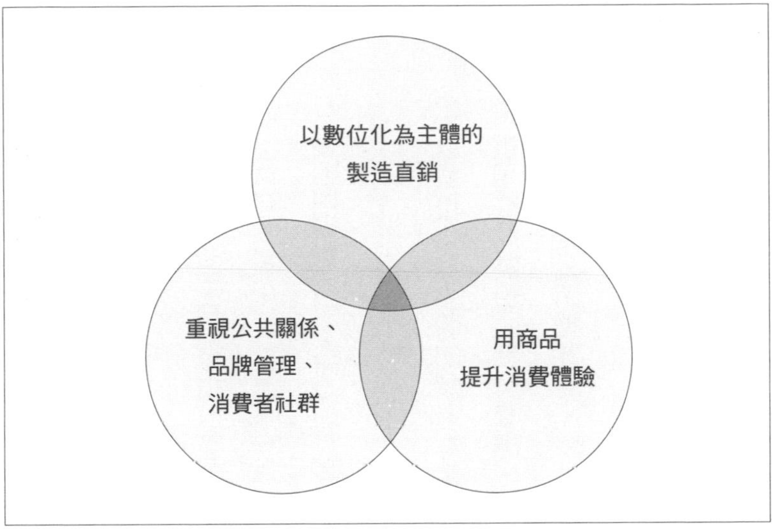

從車頂的天窗看星星。

因此，能否提供消費者想要的體驗，將是未來的消費趨勢。

近年來，「體驗消費」受到消費者的重視，主要是消費行為逐漸成熟的關係。

現在市場上商品過於豐富，消費者幾乎什麼也不缺。

賣家主打商品的價格或機能，無法維持競爭力。

D2C品牌最重視「消費體驗」，反而是最符合未來趨勢的商業型態。

直銷、數位化、消費體驗三位一體的幸福關係

可是，比較矛盾的地方在於，D2C沒有一個明確的教戰守則。大家談到D2C經營，多半只會講到一些抽象的概念。

最主要的原因在於，不同的商品提供的「消費體驗」不盡相同。然而，D2C跟前面提到的三大要素有關。

①以數位化為主體的製造直銷。

②重視公共關係、品牌管理、消費者社群。

③用商品提升消費體驗。

符合這三大要素的企業，才稱得上D2C企業。

所有消費活動都會朝D2C發展

各位看到這裡，依然覺得D2C跟你毫無瓜葛嗎？你認為自家的商品無法朝D2C的方向經營嗎？

不過，相信你們也感受到了，D2C（消費體驗至上主義）不單是流行術語，這個概念已經影響到世上的一切商業行為了。

像星巴克或優衣庫也算廣義的D2C企業，我們已經不能沒有這些企業了。

比方說，過去企業在僱用人才的時候，都是以「薪資」和「福利」為誘餌；現在有越來越多的企業，主打的是未來的自我實現。

二手商品市場，過去多半透過二手回收商店買賣；現在你使用APP，就可以在網路上找到合適的買家或賣家，跟他們直接溝通或交易了。

未來將是販賣「消費體驗」的時代。

全球各個領域已經朝D2C的方向發展，只是目前仍以消費活動為主罷了。

而你就站在變革的起點上。

本書會剖析D2C享有顧客忠誠度的祕密，同時教導各位，如何把D2C的概念應用到你的經營模式中。

第 3 章

D2C 浪潮已然席捲海外

受疫情影響而風雨飄搖的成衣企業

「Renown」是日本歷史悠久的成衣企業，曾經創下國內最高的營業額。這家企業倒閉也讓大多數人體認到，就連大企業也抵擋不了疫情的摧折。過去帶動辣妹風潮的品牌「CECIL McBEE」，也在二〇二一年二月以前關閉所有店鋪，背後的營運主體 Japan imagination 只留下了較有特色的品牌。

各大成衣企業不斷關閉實體店鋪，二〇二〇年度關閉的店鋪就達三千家以上。十二家上市的成衣企業，據說有半數陷入經營赤字的窘境。

舉凡 Renown、Onward Holdings、World Group、TSI Holdings、三陽商會，這些關閉大量實體店鋪的成衣企業，多半採用「批發」的販售模式，百貨公司和購物商城為其主要通路。好比 Renown 有將近六成的營業額來自百貨公司，算是相當高檔的品牌。二〇二〇年春季疫情開始爆發後，商家自主停業也對各家企業造成重大的損失。

這些採用批發販售的成衣企業，基本上都有大量的庫存商品要管理，而且要靠促銷和暢貨中心減價來消化庫存。不過，疫情爆發後無法用促銷吸引人潮，於是陷入了庫存過多的負面循環。

疫情加快企業倒閉

這些成衣企業經營不善，也不是現在才有的事。

Renown 的業績已經下滑快三十年了。三陽商會在二〇一五年失去英國品牌「Burberry」以後，業績也是一蹶不振。其實泡沫經濟崩潰後，百貨公司的業績低迷，那時候成衣企業就有受到影響了。

像優衣庫這一類快時尚品牌，屬於自有品牌服飾專賣店，他們的崛起帶來了許多「物超所值」的商品，人們不需要特地到百貨公司購買名牌，也能買到品質高檔的服飾。

為了對抗優衣庫這些企業，百貨公司不得不提前降價促銷，甚至延長促銷的期間。可是促銷的效果不佳，只好繼續大量生產來降低成本，以求低價賣出商品，這就陷入了惡性循環的死胡同。後來，優衣庫和宜得利等競爭對手也進駐百貨公司，百貨公司淪落為各大品牌的集散地，不再是帶動生活潮流的高檔消費場所，跟車站前的小型購物商城差不多。

換句話說，**疫情只是壓垮駱駝的最後一根稻草**。

這些企業都有一個共通點，他們在疫情爆發以前就經營不善了，而且還花了大筆資金進駐市中心的百貨公司，以及郊區的購物商城。

店鋪開得越多，生產的數量也得跟著增加才行，庫存當然也就越來越多。用促銷來降低庫存的數量，毛利又會降低。再加上開店的成本也壓縮到利潤，形成一種容易陷入惡性循環的經營模式。未來日本的消費不可能回到疫情發生以前的狀況，這也導致許多成衣企業幾乎快要撐不下去。

不過，在嚴峻的環境下依然有些衣服賣得不錯，好比「居家外出兩用休閒服」或「運動訓練服」等等。疫情爆發後大多數人都居家上班，過著足不出戶的生活，如何在家中過得舒適就成了重要的課題。因此，居家外出兩用休閒服非常受歡迎，這種衣服可以穿著開視訊會議，又很適合穿出去散步或去便利商店買東西，屬於一種非常舒適的衣服（英文稱之為 One Mile Wear，意指在自家周邊行動也很適合穿的衣服）。

舒適的居家服裝和睡衣也賣得相當不錯。再者，人們不再去人擠人的健身房，改在自家鍛鍊身體，這種觀念的普及也帶動保健商品大賣。當然，像這一類逆勢成長的品牌，多有自己的電商平台，可以迅速配合潮流的變化。

只剩下「D2C」成衣企業生存下來

現在居家上班足不出戶的人越來越多，上網消費就成了更加司空見慣的行為。線上購買衣服沒法當場試穿，商家也無法直接接待消費者。缺乏這些「消費體驗」是線上販賣衣物的一大缺點，但也有企業發揮巧思，化劣勢為優勢。

例如，「GLOBAL WORK」和「LOWRYS FARM」背後的愛德利亞企業，二〇二〇年第一季的電商營收，跟去年同期相比增加百分之二十五．七，達到一百三十四億日圓。電商化的比率也增加二十三個百分點，達到百分之四十二．八。自家的電商平台占有率也高達百分之二十二．七，增加十二．七個百分點。該企業用 Instagram 直播拍出衣服的質感和穿搭，受到廣泛的好評，跟目前請網紅宣傳的行銷手法類似。由於疫情爆發的關係，很多人都宅在家裡，因此他們的員工也播出許多居家服飾的穿搭風格，公司則提供各種宣傳上的支援。

婦女服飾品牌「STYLE DELI」利用部落格，和消費者建立密切的交流，形成一種消費者社群，據說每個月部落格的點閱超過一百萬。負責營運該品牌的成衣企業 Never Say Never，社長齊藤英太先生在二〇二〇年四月，還成立了D2C顧問公司，支援其他有意朝D2C發展的品牌。

「FABRIC TOKYO」則是客製化西服的D2C品牌，這一次疫情爆發，他們雖然關閉大量的實體店鋪，卻也善用消費者的資料，生產出許多很受歡迎的商品。FABRIC TOKYO 的概念不只是提供合身的衣物，同時也提供適合消費者生活方式的衣物。消費者只要去實體店鋪量一次尺寸，資料就會儲存在雲端資料庫中，未來可以直接在線上訂製西服。

專賣女性辦公服飾的「kay me」，本來就以線上營運為主，店鋪則是輔助性的存在，因此受疫情影響關閉實體店鋪後，電商業績仍然成長三成，經營狀況十分良好。他們成功取得了幾十萬名會員的資料，開始提供「線上穿搭診斷」服務，消費者可以上網請教穿搭技巧。這種應對環境變化的手法，可謂迅速又有效。

現在許多品牌紛紛撤出百貨公司，但該品牌反而逆勢成長，二〇二〇年十月還在崇光橫濱店、JR京都伊勢丹等地開設多家店鋪。

「kay me」從不促銷是出了名的，但服裝穿起來輕便又舒適，品質和耐用度也獲得消費者極高的評價。常去逛百貨公司的上流階層，買東西並不以價格為判斷依據，因此這種經營手法也深得上流階層的好評，擁有極高的LTV（Lifetime Value顧客終身價值）。

人們開始仔細挑選真正喜歡的衣服

在後疫情時代，消費者的可用所得注定減少。如此一來，消費者會更加認真判斷商品和服務的品質，只花錢購買真正滿意的東西。

疫情爆發後人們比較常宅在家，因此斷捨離的生活風格日漸流行，永續使用和環保觀念也開始抬頭，許多消費者並不認同大量生產成衣的商業模式。這些觀念上的轉變，也替D2C品牌的行動奠定了良好的基礎。

由於減少外出的關係，人們比較難享受到旅行或餐飲這一類的奢華體驗了。相對地，**大家會買好一點的衣服來犒賞自己。過去，消費者會購買隨處可見、品質尚可的衣服，現在消費者會仔細挑選真正喜歡的衣服**，這樣的轉變也是顯而易見的。

改變零售業的「D2C」

日本一向講究製造商、工廠、消費者之間的三贏關係。D2C的經營模式，對這樣的關係也大有益處。

以往零售業或成衣企業，必須透過中盤商批發給百貨公司或其他店鋪，或者仰賴自家的實體店鋪。

這麼做有幾個好處。

◎製造、物流、販賣全都能委外，廠商可以專心開發商品。

◎下游會定期大量批貨，可保有穩定的營業額。

這些優勢的確不容忽視，但缺點遠遠高過這些優點。請看下列這些缺點。

▲由於大量業務委外處理，學不到商品開發以外的經營訣竅。

▲無法實際接觸消費者，完全是在不懂消費者反應的情況下開發商品，就連什麼樣的客群買了哪些商品都不曉得。

▲批發業者和委託販賣的業者有過大的權限。

▲不得不做好賣的商品，而不是做自己想賣的商品。

▲經手的業者太多，利潤也被瓜分。

▲消費者只關注購買商品的場所，廠商無法打造品牌的聲望。

▲仰賴代工的工廠，容易被廠商或批發商的營運影響。

D2C品牌有自己的電商平台，也有直接和消費者接觸的販賣管道。因此，D2C品牌可以扭轉這些缺點，打造出廠商、工廠、消費者之間的三贏關係。

D2C模式逆勢成長的特色

D2C模式可以把舊有的缺點轉化成優點，促進商業模式進化。以下歸納D2C模式的幾大優點。

圖三：D2C 模式逆勢成長的強項

- ☑ 不必透過中盤商，可減少成本支出。
- ☑ 不必支付百貨公司或購物商城高昂的駐店費用。
- ☑ 降低人事成本，改革工作方法。
- ☑ 可直接和消費者溝通交流。
- ☑ 可累積消費者資料。
- ☑ 可建立品牌聲望。
- ☑ 可做自己想賣的商品，而不是做好賣的商品。
- ☑ 可做消費者想要的商品，而不是批發商想賣的商品。
- ☑ 可減少成本增加利潤。
- ☑ 降低成本後，可用更低的價位提供高品質的商品。
- ☑ 可透過社交平台，即時得到消費者的反饋。
- ☑ 善用社交平台，可刪減廣告費用。
- ☑ 公開生產過程或開發上的堅持，可讓消費者成為忠實的粉絲，獲得長遠的支持。
- ☑ 可分析消費者資料，迅速改善缺失。
- ☑ 降低成本後，有許多回饋消費者的方法。好比降低商品價格、提升商品品質、贈與消費點數、招待消費者參加活動等等。

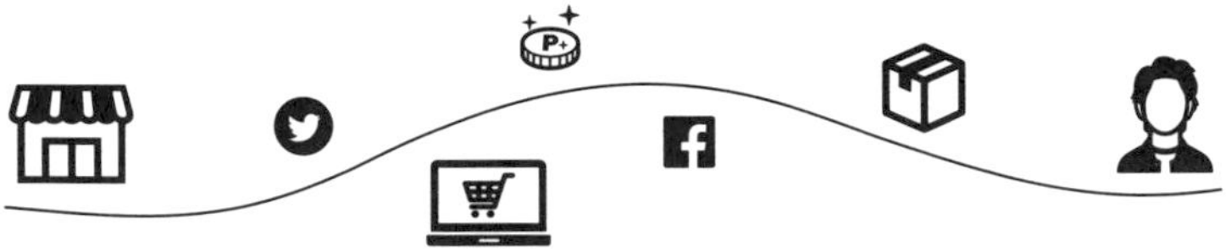

D2C好處多多，現在製作銷售網頁又不是多困難的事，豈有不挑戰的道理？

日本自古以來對「製造」特別用心，D2C模式和這種精神非常契合。反過來說，要在日本使用D2C模式，不能只是單純販賣商品，這是絕對賣不好的。對「製造」有所堅持，才是成功至關重要的因素。

日本「製造」也進入D2C戰國時代

D2C這個詞彙，差不多是二〇一〇年在美國先出現的。本來是「Direct To Consumer」的簡稱，意思是把自家企畫製造的商品，直接賣給消費者的一種交易模式，主要透過網路進行販售。

除此之外，還有以下幾項特徵。

◎D2C通常都賣一些前所未見的新商品。
◎主要客群為千禧世代（二十四歲到三十九歲的客群）。
◎在社交平台上吸收狂熱的支持者。
◎多半接受投資人的贊助來擴大營運。

◎容易帶動社會議題，還會捐出部分營收做公益。
◎大多不是歷史悠久的品牌，而是數位世代的年輕人開創的新品牌。
◎會提供其他附加價值，好比新的生活風格或故事性。
◎消費者也是一同打造品牌的功臣。
◎價格通常相對較低。

看了這麼多特徵，如果你還是覺得自家企業難以應用D２C模式，那請你繼續看下去。因為美國和日本的D２C發展背景完全不一樣。

美國不像日本有那麼多物美價廉的商品，因此美國的D２C品牌就是靠上面這些特徵，博得巨大的成功。不過，日本的D２C依樣畫葫蘆，也贏不了那些既有的龍頭大廠。

美國已經建構出大量生產、大量拓展、大量消費的商業模式，而物美價廉的商品，也已經有優衣庫、無印良品、宜得利這些品牌占據市場了。

日本D2C品牌應該重視「製造」

海外的Ｄ２Ｃ品牌看重的是社會議題，還有創辦人的哲學和故事性，而且多半是善用先進數位技術的「科技企業」。日本自古以來則有追求頂級工藝的優良文化，因此不少Ｄ２Ｃ品牌也是聚焦在商品生產上，對製造別有一番堅持。

如今各大企業的生產據點都設立在東南亞，國內工廠處於非常不利的局面。海外工廠的生產成本極低，國內歷史悠久的製造商也紛紛倒閉。

日本的製造商有傲人的技術和成績，以及追求完美的熱忱，要延續這些廠商的生命，線索就在成衣業當中，成衣業只剩下Ｄ２Ｃ品牌生存下來。而這也是Ｄ２Ｃ品牌蓬勃發展的一大原因。

請看以下幾個實例。

◎「**gauge**」女性雕工創立的客製化高跟鞋品牌

http://gauge.shoes/

◎「**iwaigami**」提供簡約婚禮方案的品牌

https://iwaigami.jp/

◎「**objcts.io**」土屋鞄師傅的創新皮包品牌

https://objcts.io/

◎「氣仙沼針織」位於氣仙沼的高級手工編織衣物品牌

https://www.knitting.co.jp/

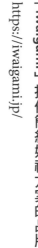

◎「MANUALgraph」小型工廠創立的國產沙發品牌

https://manualgraph.com/

◎「Facteliar」堅持日本製造的服飾中盤商。

https://facteliar.com/

客製化商品很適合D2C模式

據說，客製化商品和D2C的主要客群幾乎一拍即合。這些千禧世代的消費者，有多元的興趣和生活風格，而且從小接觸數位化媒體，精通各式各樣的訊息。這些人對品質的重視，遠勝過便宜的價格。

現在這個時代，要從眾多商品中挑選最合適的東西，反而是一件很困難的事。**客製化服務可以解決這種「東西多到不知道該怎麼選」的煩惱。**

像美妝用品、營養劑、洗髮精這一類的東西，特別適合客製化服務。

客製化D2C在消費者實際購買商品前，會以問卷或提問來掌握消費者的喜好，這也是廠商和消費者的接觸點。做出消費者喜歡的商品後，不是賣完就算了，而是要持續吸引消費者購買，提高他們的品牌忠誠度。

客製化商品的優點在於，消費者能享有以下的好處。

◎不必再耗費心力挑選商品。

◎可享有自己專用的商品。

◎買得到真正滿意，又能長期使用的商品。

圖四：國內最具代表性的客製化服務

MEDULLA	這是護髮的客製化服務。消費者只要回答九個問題，就可以從三萬種後備選項中，找到最適合自己的客製化洗髮精和護髮乳。
FABRIC TOKYO	提供客製化服務的成衣企業。
FUJIMI	日本第一家提供肌膚診斷的客製化營養劑品牌。
snaq.me	提供客製化的點心訂閱服務，另外還提供個別主題套餐，消費者無法預先知道商品內容，這種帶給消費者驚喜的商品也十分流行。也有生產日本酒和寵物用品。
PostCoffee	消費者只要回答十個問題，就可以收到最適合自己的咖啡包裹，享有最好的咖啡體驗。
iHack	專為商務領袖製作的營養劑。
wellvis	分子生理化學研究股份有限公司和 mediagene 股份有限公司組成的營養劑品牌。其中 mediagene 旗下的健康媒體平台「MYLOHAS」，每個月點閱量超過一千兩百萬人次。
VitaNote	消費者可在家中做尿液檢查，了解自己是否有營養過剩或營養不足的問題。
COLORIS	日本第一家染髮客製化服務，消費者可在家中享有高級沙龍的染髮體驗。
GREEN SPOON	消費者可享用到瞬間冷凍的蔬果做成的蔬果汁或蔬菜湯。
NOSH	訂閱營養師和一流大廚烹調健康的低醣餐飲，並配送到消費者家中。
FiNC	健康管理和體適能 APP，提供最合適的運動教練，下載人次超過一百五十萬。
OPTUNE	資生堂每天根據消費者的身體狀況，提供最適當的護膚服務。
pickss	月費制服飾租賃服務，以及客製化造型服務，由專業造型師替消費者挑選服飾。

用強大的商品實力一決勝負

要在眾多商品中挑到適合自己的東西，已是一種不小的壓力。如今有一種商業模式可以消除消費者挑選商品的壓力，消費者只要上網回答一些簡單的問題，就可以獲得最適合自己的選項，這種服務水準完全不下於實體店鋪。另外，訂閱服務也具有極高的便利性。這種商業模式和D2C非常類似，同樣都是用高科技服務每一位消費者。

還有不少品牌是用強大的商品擄獲消費者的心，跟客製化服務形成對比。

要靠強大的商品吸引買氣，商品必須符合消費者的需求，同時創造出其他競爭對手沒有的價值主張。

以下就舉個代表性的例子，請各位看看，這個品牌的優勢何在。

用限量炒熱話題的「夢幻起司蛋糕」

「起司蛋糕先生」生產的起司蛋糕，只開放線上訂購，而且販賣數量極少。這種物以稀為貴的特性，讓他們的起司蛋糕獲得夢幻蛋糕的美名，享有廣大的人氣。

起司蛋糕先生的創辦人是一位法國菜大廚，法國菜講究的不只是美味的料理，還有高檔的用餐體驗。也多虧創辦人有這樣的背景，才想得出這種販賣方式。

起司蛋糕是在冷凍狀態下送至消費者家中，**食用方式有分冷凍、半解凍、全解凍三種，消費者會很期待蛋糕解凍的那一刻，業者提供的正是這種耐心等待美食的體驗，實在是了不起的安排。**

法國菜大廚公開自家食譜

代代木上原地區的人氣法式餐廳「sio」，在疫情爆發以後，該店大廚鳥羽周作免費公開自家餐廳的食譜，讓消費者得以在家中享用美食，這樣的做法也引起極大的迴響。

本來大廚的食譜是不對外公開的，但那一家餐廳透過網路和消費者交流，藉此提升品牌的知名度，這種手法和D2C有異曲同工之妙。

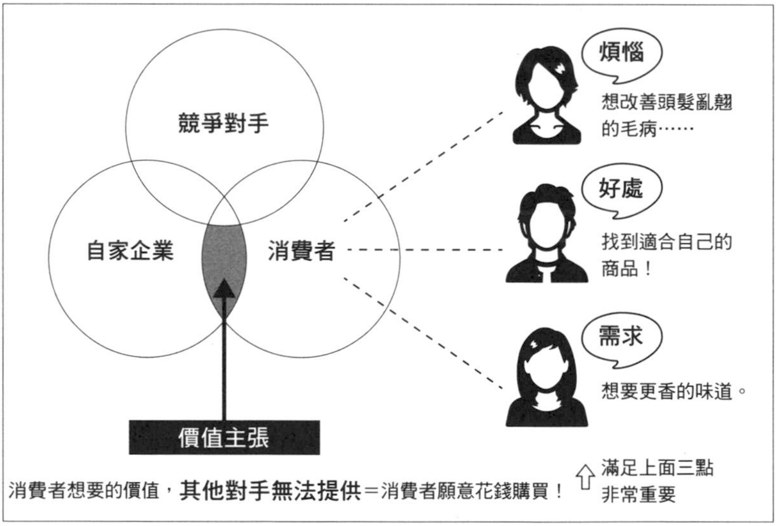

圖五：價值主張

同時，他們還推出了「sio 便當」的外帶和宅配服務。其中高檔便當要價一萬日圓，但一開放預約就被搶購一空。

該店的理念是「增加幸福的分母」，這種偉大的企業理念養出了一批忠實的粉絲，也象徵了未來D2C的商業模式。

「Foo Tokyo」一件要價兩萬日圓的睡衣品牌

「Foo Tokyo」販賣的睡衣和內衣，講究徹底解放肌膚的壓力，讓消費者享受高檔的舒壓生活。因此，就算一件睡衣要價兩萬日圓，在這不景氣的時代同樣賣得很好。二〇一九年到二〇二〇年八月，每個月的營業額都高於去年的營業額。一年成長兩到三倍左右。

這就是專注生產特定品項，深化消費者對品牌的印象，並建構深厚的品質和品牌實力，拓展商品價值的多樣性。

第 4 章

D2C 才有挑戰的價值

挑戰D2C的五大好處

既有的「銷售模式」在這一波疫情中，遭遇了極大的瓶頸。然而，D2C企業的營業額照樣逆勢成長。本章會介紹D2C創業的優勢，讓大家了解D2C成功的理由何在。

D2C的優勢①　交易都在數位平台完成，成本低利潤高

一般批發的過程是這樣，廠商製造後交由批發商，批發商再給零售業者，業者再分配到各家店鋪，最後進入消費者手中。用百貨公司當銷售通路的成衣業者，在這一連串過程中只專注於生產，好處是下游會有穩定的購貨

量。但缺點是，要花太多成本在中盤上。

就算廠商本身有店鋪，不用花太多成本在中盤上，經營店鋪也有租金、水電費、人事費等各項成本。

D2C商店都在網路上完成交易，跟實體店鋪相比，成本可以壓到最低。

D2C的優勢② 銷售都在數位平台完成，手續費較低

在網路商城開設店鋪，跟在知名的商場開店沒什麼區別。開了店不見得會大賣，但你家附近的商場開了一家新店鋪，你會不會想去逛一逛？

人潮多的地方自然競爭對手也多，好在店鋪前面人來人往，只要肯下點功夫，要吸引人群駐足並不困難。而且還能參加商店街的特賣活動，不用多

花心力宣傳。

不過，在網路商城開設店鋪，你每個月要繳交權利金和使用費。再者，大多數商城也會徵收每一筆交易的手續費。

相對地，自家的電商平台可以省下這些費用。製作和管理網站要花上一點成本，但總比支付網路商城要便宜許多。

D2C的優勢③　可以累積消費者的資料

「批發」模式在某種程度上能預期營收，進行大規模的販賣。可是，缺點在於幾乎無法和消費者交流。

不管你在商場開店，還是在網路商城上開店，其實都有這樣的缺點。D2C模式的主軸在於直接銷售，以及直接獲得消費者的反饋。這種模式最大的好處是，你可以蒐集資料分析消費者的消費傾向。

D2C的優勢④　消費者的意見可即時反映在商品上

D2C主要用自家網站和社交平台等工具，和消費者產生聯繫。因此，可以即時活用消費者的意見和反饋，來改善自家的商品和商業模式。

一般的批發模式有太多的中盤商，廠商幾乎聽不到消費者的意見，就算聽到了也只是一小部分而已。用這些殘缺的意見來改善服務，消費者也不見得感受得到。況且，由於中盤商太多了，廠商無法即時掌握消費者的意見。

D2C可以即時掌握訊息，立刻做出改善。

聆聽消費者的意見，立刻改善缺失，並且繼續聆聽意見。D2C會透過這樣的良性循環，跟消費者建立起深厚的信賴關係。

再者，喜歡上D2C品牌的消費者，會在社交平台上幫忙推廣宣傳。消費者不再只是單純的消費者，同時也是廣告和行銷人員，更是建立品牌聲望不可或缺的功臣。

好比成衣品牌「ALL YOURS」，就把這種參與度極高的消費者稱為「共犯」，積極經營粉絲社群。在開發商品的過程中，廠商會找消費者參與，甚至召開意見交流會，或是找消費者一起粉刷店鋪的外牆。服飾只是ALL YOURS用來組織社群的媒介。

每一位「共犯」都會收到原創名片，除了可以事先得知非公開資訊，廠商開發商品還會徵求他們的意見。另外，共犯還享有其他好處，例如上網消費不必支付運費，還有機會參加交流活動等等。

女性資訊媒體「RiLi.tokyo」經營的「@rili.tokyo」，把Instagram當成雜誌來運用，跟消費者密切交流。這是一種鼓勵消費者參與的時尚媒體，廠商會選擇消費者比較有共鳴的款式，來製造自家的商品。媒體和Instagram的經營調性同步，消費者不管到哪一邊都能享受消費的樂趣。廠商和消費者擁有同樣的時尚哲學，RiLi儼然成為一種網路流行用語。

「COHINA」是專為嬌小女性服務的成衣品牌，每一張照片都有記載模特兒的身高，這種凡事為消費者著想的經營方式，養出了大批的粉絲。廠商起用和消費者一樣嬌小的女性當模特兒，讓她們在直播上介紹商品，順便和消費者互動。因此，消費者也認為自己適合穿上那樣的衣服（詳見第一章的訪談內容）。

D2C的優勢⑤　消費者會直接感受到品牌魅力

在樂天這一類的網路商城開設店鋪，等於是使用對方的架構，因此設計風格難以擺脫網路商城的色彩。

用這樣的方式經營，無法直接讓消費者了解品牌的哲學。

人類會在三秒內決定對方的第一印象（麥拉賓法則），電商平台也很講究第一印象。相信大家上網搜尋電商平台，有時候一看到感覺不對，馬上就返回上一頁了對吧？

Ｄ２Ｃ電商平台的第一印象決定了一切，畢竟這跟實體店鋪不一樣，消費者無法親手觸摸到商品，也聽不到店員的解說。

這也是多數Ｄ２Ｃ企業自行經營電商平台的主因。自己經營平台，可以直接讓消費者了解品牌的哲學和價值觀，順便向消費者介紹商品的詳細內容，以及自家廠商對商品的堅持。

用D2C模式創業的難處

用D2C模式創業有各式各樣的優勢，但難度也不在話下。

第一，廣告不是吸引消費者的主要手段，建立品牌聲望和圈粉才是，因此**很難訂出一套可以有效預期利潤的計畫**。

一般來說販賣商品都是先打廣告再來賣東西，架構十分單純。重點在於營收只要超出廣告費用和其他成本就好。

D2C企業是先從圈粉做起，至於圈到什麼程度才賺得到錢，這完全是未知數。

第二，D2C跟一般網路商城或實體店鋪不同，**必須自行拓展客源。也就是要自行打造吸引消費者的管道**，好比運用廣告、社交平台、網站等等，提升自家商品或品牌的知名度。

第三，**跟一般的商品開發手法相比，要花一段時間才會上軌道**。多數成功的D2C企業，在實際販賣商品以前，差不多要花半年到一年多的時間，努力開發商品和圈粉。

這三大難處不只是D2C品牌的問題，也是新創企業要克服的問題。唯一可以肯定的是，所有員工必須全心全意投入事業中，尤其負責人更是如此。時間、成本、努力、熱忱這四者都要發揮到淋漓極致，否則事業難以成功。

事先耕耘可以建立粉絲社群，提升品牌聲望，這也是D2C的一大優點。但沒有資金和時間這些「根基」，沒有強大的熱忱支撐，可能在上軌道之前就會被淘汰。

用D2C模式販售既有商品

會運用D2C經商的主要有三種人。**第一是創業家，第二是大企業的新創團隊，第三是既有廠商。**

未來，既有廠商很可能會改變過去的銷售方式，改賣D2C類型的商品，或是打造D2C的品牌。

過去做批發生意的廠商，已經有成熟的製造經驗和技術。他們可以運用既有的商品，創造出新的客源；或是從全新的角度開發商品，提供不一樣的消費體驗。用這種手法可以打造出成功的D2C品牌，成本也比砍掉重練要低很多。

再者，廠商找出過去經營上的問題，建立新品牌來求新求變，這也可以發展出自己的品牌故事和哲學。從新創的角度來看，也是十分有利。

製造商成立D2C企業，得先徹底了解消費者的習性。好比召開座談會或商品開發會，跟從未接觸過的消費者交流，了解自己的客群需要何種商品，重新反思品牌的價值。

批發的收支比較穩定，D2C則是直接和消費者聯繫。同時擁有這兩大支柱，在瞬息萬變的商業市場上，稱得上是剛柔並濟的最強企業。

【案例】最具代表性的D2C洗髮精品牌「BOTANIST」

BOTANIST 在二〇一九年三月推出客製化洗髮精「My BOTANIST」，消費者只要回答九個問題，即可獲得原創配方的洗髮精，解決髮質上的煩惱。

BOTANIST 自二〇一五年發售以來，全系列洗髮精銷量超過五千萬瓶，是非常有人氣的商品。他們有推出柔絲洗髮精、潤濕洗髮精、修復髮質洗髮精、養護頭皮洗髮精，**有一次他們發現消費者會混搭不同種類的洗髮精和護髮乳，因此決定推出客製化商品。**

分析銷售資料以後發現，每個月有超過兩千名網路會員，會購買不同類型的洗髮精和護髮乳來搭配使用。但**只有四大種類的商品，很難徹底滿足消費者的需求，BOTANIST 注意到了消費需求的多樣性。**

當時 BOTANIST 已經是人氣品牌，消費者對他們的商品也充滿信賴，客製化商品還可以選擇自己喜歡的香味和效果，因此「My BOTANIST」一推出立刻造成轟動。

到了二〇二〇年，BOTANIST 還推出了全系列最高檔的產品「BOTANIST PREMIUM」。

二〇一七年，BOTANIST 在原宿開設了實體店鋪，消費者去店裡可以感受到他們的品牌風格。當中還有專門販賣有機商品的選貨店，主要販賣 BOTANIST 的商品；而選貨店還附設了咖啡廳，咖啡廳還有提供原創的餐點。換句話說，BOTANIST 不只是洗髮精品牌，他們塑造出一種生活風格，甚至跨足護膚產品的市場。

女性消費品的市場一直以來都是百家爭鳴的激戰區，BOTANIST 一加入戰場就獲得巨大的成功，原因在於他們徹底分析消費者，努力經營品牌聲望。那時候只有對流行特別敏銳的族群會使用 Instagram，BOTANIST 搶先使用 Instagram 作為行銷工具，和消費者建立良性的互動，提升品牌的價值。如今「自拍文化」和網紅效應已經是司空見慣的社會現象，BOTANIST 不僅帶動了這些文化，還利用網路提升知名度，在現實中的市場打出一片天下。這確實是Ｄ２Ｃ模式的最佳典範。

第 5 章

如何創立成功的 D2C 企業

打造最強D2C企業的八大要訣

前面已經用具體的案例，介紹D2C企業的魅力和優勢。這一章我會說明打造D2C企業的方法。如果想要打造出合乎D2C精神的企業，那麼最少要做到以下八點。

我支援過不少D2C企業，也有採訪過他們的負責人。接下來介紹的八大要訣，都是從他們的經營手法中歸納出來的。

至於具體的手法，我在下一節會介紹。

當然，這些都是「別人用過的方法」。各位要是知道其他的方法，而且那些方法確實能提升消費體驗，那也不妨拿來吸收運用。

要訣① 打造銷量長紅的商品或品牌

D2C品牌不好經營的原因是，你賣的東西不能偷工減料。在成熟飽和的市場中，消費者固然重視消費體驗，但心底還是希望買到好東西。消費者想買到品質較高檔的貨色，也是理所當然的事情。反過來說，**沒有「品質」這項優勢，很難打造成功的D2C品牌**。

最理想的狀況，是推出有明確市場區隔的商品，讓消費者感受到前所未有的體驗。倘若做不到這一點，那你最好重新反思一下，該如何以D2C的模式做生意？

另一個關鍵在於，你要設計出消費者願意持續購買的商品。

要訣② 明確指出消費者享有的「價值」

就算你的商品再好，你提供的商品和消費體驗，也必須跟其他競爭者做出區隔，否則得不到多數消費者的好評。你要事先想清楚，你的商品能提供哪些價值和體驗，並且好好突顯出來。之後再根據這種概念擬定戰略，向消費者推銷你的商品。

最理想的情況是，消費者一眼就能看出你的商品和服務，水準高於其他的競爭者。萬一看不出來，好歹也要具體指出消費者能感受到的價值，來作為你的銷售計畫。好比衣服穿起來特別舒適、營養劑服用後身體特別好等等。

要訣③　在開賣前先培養一批狂熱的粉絲

認同D2C價值觀的消費者，非常熱愛D2C品牌的商品，而且會推薦給親朋好友，幫忙在社交平台上宣傳，這些消費者形同廠商的宣傳人員。根據創新擴散理論的說法，這些人又稱為「創新者」或「早期採用者」。最好在商品推出之前，就得到創新者的青睞。我採訪過的企業多半在事前就有經營媒體，或是在 YouTube 上開設自己的頻道。換句話說，他們在推出商品之前，就已經有吸引粉絲的品牌哲學了。

要訣④　在網路上直接拓展客源和通路

再來要有穩定的銷售平台，來宣揚你的品牌價值，持續跟消費者保持聯繫。首先，我建議各位在網路上開設自家平台。開設自家平台必須滿足以下幾個條件，第一是要禁得起長期的經營和改善措施；第二是在做宣傳的時候，要應付得了通訊量大增；第三是容易突顯自家品牌的特色。

在現今的平台中，我推薦各位使用「Shopify」這個平台，Shopify 輕易滿足了上面提到的三大條件。Shopify 本身沒有特別突出的功能，但基本的功能都有顧到，又不會太繁瑣，是一種十分均衡的系統。只要追加應用軟體，隨時都能使用必要的功能。

要訣⑤　創業觀點和龍頭大廠要有區別

在開發新產品的時候，追求嶄新的價值和功能是理所當然的；不過，D2C企業必須擁有「全新的觀點」，不能只是追求新的價值和功能。簡單說，**用新的觀點來解決既有的問題，才是D2C企業該做的事情**。

換句話說，關鍵在於改變「定義」。

不是只有在開發商品時，才要改變定義和觀點；在經營企業和建立品牌聲望時，也要做到這一點。

你要明確指出自家企業的內涵，以及你的企業有什麼不一樣的觀點？這樣才能彰顯獨特的企業思想，以及真金不怕火煉的品牌價值。

要訣⑥　自行組織社群，或是讓粉絲自發性組織社群

直接聆聽消費者的「聲音」，是D2C企業的一大課題。問卷調查和市場調查都算不上客觀的答覆（例如，消費者的問卷答覆，未必會反映真實的心聲）。想要了解消費者最自然的想法和煩惱，組織社群是一個很有效的方法。

要訣⑦　主打消費體驗

D2C產品和一般產品最大的不同，在於「消費體驗」是否明確，以及有沒有把消費體驗當成行銷戰略的一環。好比商品的外包裝、文宣，都要按照品牌管理的哲學，向消費者傳遞一致的訊息。你該強調的不是你想怎麼

賣，而是你希望消費者怎麼使用你的商品。你要告訴消費者，使用你的商品會有什麼好處，或是有哪些良性的變化。

要訣⑧　對等交換意見，聆聽消費者的聲音

忠於品牌的粉絲是Ｄ２Ｃ企業的前進動力。在跟這些粉絲直接溝通的時候，你要站在對等的立場上跟他們溝通，聆聽他們的意見；你要跟消費者一起探究未來的課題，找出你們共同的願景和品牌哲學，這樣的態度是不可或缺的。

和消費者交流的時候，要盡可能排除「提供者」和「接受者」的隔閡。你要抱持著和消費者一同建立品牌聲望的心態，來培養忠實的粉絲。

成功經營D2C品牌的具體方法

這八大要訣只是闡明你該做的事情，比較接近經營理念。接下來，我們一起來看實際行動的手法。

方法① 使用眾籌時，要培養一批對等的粉絲

D2C創業很適合用眾籌。

除了方便調度資金以外，培養出一批對等的粉絲，可以**讓你在實際創業之前，獲得一些建言和反饋，這是用錢買不到的好夥伴。**或者，你也可以把結交夥伴和圈粉，當成使用眾籌的主要目的，請他們幫你設定商品定價也沒

關係。關鍵在於「一體感」。

方法② 召開商品座談會

你要召開商品座談會，讓消費者實際試用你的商品，並聆聽他們的真實意見。有些消費者會在社交平台上，說明自己需要哪些商品來解決煩惱，直接去跟他們接觸，比較容易聽到真實的意見。

沒有採用眾籌的企業，也適合用這樣的手法。召開座談會不只能聽到消費者的意見，還能直接認識你的夥伴和粉絲。

方法③ 運用社交平台進行促銷

D2C品牌的促銷活動，主要是運用各種社交平台來進行。

前面八大要訣有提到，D2C品牌要養出狂熱的粉絲，並且組成粉絲的社群。要做到以上兩點，就必須善用社交平台。品牌成立以後有兩大社交平台要先開設，那就是 Instagram 和推特。推特發文有字數限制，但交流起來也相對隨興輕鬆。再者，引起話題的推文傳播速度也很快。社交平台不只是人際交流的場域，也具有交換資訊的功能。

過去人們習慣上谷歌搜尋，現在則是上推特搜尋標籤。換句話說，人們不再用關鍵字來搜尋，而是用熱門標籤來搜尋自己喜歡的事物。

日本人的標籤搜尋使用率，大約是其他國家的三倍。人們大量使用標籤，標籤也越來越普及。不過，日本人有一些特殊的標籤使用法。例如對一些特別熱鬧有趣的主題，會用標籤來徵詢其他網友的意見；或是替某個議題冠上標籤，發表自己的意見。

換句話說，日本是「標籤文化」的流行地帶。

網友養成了分享資訊的習慣，Instagram 在二〇一七年十二月改版後，也有追蹤標籤的功能了。只要使用者搜尋標籤，就可以找到相同主題的內容了。

搜尋標籤找到的內容，比上網找到的網頁可信度更高，而且能即時獲得大量資訊。

Instagram是以照片為主的交流平台，可以清楚宣揚你的品牌形象。另外，**現在Instagram還有購物的功能（Shop Now），儼然成為一大銷售通路。**

方法④ Instagram直播的魅力

Instagram有一種簡便的直播功能，這也是跟消費者建立對等關係的有效手法。

好比專門服務嬌小女性的D2C時裝品牌「COHINA」，二〇一八年一月正式開賣以來，銷量持續上揚，到了二〇一九年三月，每個月營業額都超過五千萬日圓。

COHINA活用 Instagram 直播的手法特別受到矚目。

該品牌的創辦人身高只有一百四十八公分，她希望把自己喜歡的衣服，做成小個子也能穿的尺寸，這就是她創業的初衷。後來她使用 Instagram 直播功能，找了十五名嬌小的員工每天輪流直播。

於是乎，COHINA現在追隨者超過十五萬人，當中不乏品牌忠誠度極高的粉絲（詳見第一章的訪談）。

方法⑤　利用直播商務系統刺激當下買氣

所謂的直播商務，就是企業經營者或直播主開直播介紹商品，消費者直接利用這一套系統購物的功能。

由於這種手法具有即時性，而且會營造出一種「現在不買就買不到」的氣氛，能夠刺激消費者的購買欲望。

這一套手法目前在中國相當盛行。根據二〇一九年的調查資料，中國的直播商務市場規模大約有四千三百億元（相當於六．四兆日圓）。

未來市場規模還會更大。

疫情爆發以後，直播商務的市場規模不減反增，最近不只有珠寶、汽車等高價商品，連不動產都在交易對象之列。

方法⑥　用訂閱販售培養忠實的客戶

所謂的訂閱販售，是指用半永久的方式，定期販賣商品給消費者，而不是只賣一次。

訂閱販售對業者的好處在於，可以持續累積忠實的客戶，也比較容易預測營收。而消費者的好處在於，生活必需品會定期送到手中，省下了每次購買的麻煩。況且，業者能夠提供全新的消費體驗，好比每個月送上推薦的商品，而不是一成不變的固定商品。持續做出消費者感興趣的東西，藉此來獲得長期的交易合約，這是很符合D2C的一種販售方式。

消費者持續購入商品，LTV不斷提升。這種定期購買的服務，可以讓業者和消費者建立長久的關係，很多D2C品牌都有採用。只要吸引到消費者訂閱，未來的營收將會穩定成長，也能培養忠實的客戶。

訂閱其實是行之有年的一套販售方法，近年來之所以再次受到重視，主要是消費者的價值觀改變了，使用體驗和消費體驗比單純的持有更加重要。富足的定義不再是單純的持有，而是享受到美好的體驗和經驗。奉行極簡主義的人越來越多，也是一大原因。

方法⑦ 在快閃商店、選貨店販售

所謂的快閃商店，就是進駐百貨公司或車站，開設一家短期的店鋪。由於只在特定期間內開店，而且進駐的商業設施會提供某種程度的設備，成本比開設正規店鋪來得少，又能直接確認消費者的反應。很多D2C品牌都有這樣做。

在快閃商店販賣商品最大的好處是，可以實際感受到自家商品是否合乎大眾需求。很多批貨商、創投公司，以及其他相關人士都很重視快閃商店。如果你的商品有足夠的魅力，他們就會提供商機，或是替你引薦合作對象。

另外，網購最大的問題是消費者無法親自確認商品，開設快閃商店可以解決這個問題。尤其成衣類商品，消費者需要實際觀察質感和尺寸。

而對粉絲來說，去快閃商店可以直接和品牌的宣傳者接觸。因此，業者要盡量營造出輕鬆溝通的氣息，跟消費者建立全新的關係。

方法⑧　聯盟行銷廣告為何是飲鴆止渴？

所謂的聯盟行銷廣告，就是在聯盟行銷的ＡＳＰ上登錄商品資訊，上面的個人網頁或社群媒體會幫忙宣傳商品。商品賣出去的話，聯盟行銷公司就會支付酬勞。

國內極具代表性的Ｄ２Ｃ企業，也有不少採用聯盟行銷廣告。在眾多Ｄ２Ｃ企業中，要不要使用聯盟行銷廣告成了一大考驗，有些人認為那是飲鴆止渴。為何使用聯盟行銷廣告具有如此重大的衝擊性？

因為，**Ｄ２Ｃ本來很看重品牌價值，對商品也十分堅持。跟消費者直接溝通、直接販售的經營模式，也是一大重點。但使用聯盟行銷廣告，可能會毀掉這些Ｄ２Ｃ的特性。**

聯盟行銷的廣告內容，在某種程度上可以事先設定規範。可是，想要利用這一套制度創造大量收益，規範就不能太過嚴謹，否則外包業者沒有自由創作網頁的空間。

規範一旦放鬆，就會出現不受控管的內容。到頭來，在聯盟行銷的網頁上刊登廣告，反而會破壞消費者對品牌或商品本身的信賴。

這樣看下來，各位也許會懷疑，既然聯盟行銷缺點一大堆，幹麼還要用呢？

因為，這個手段還是有很大的魅力。

方法⑨ 使用商品的體驗和感想非常重要

首先，**聯盟行銷的廣告有一般廣告缺乏的強烈訴求力**。多數消費者想看的不是廣告，而是其他使用者的感想和體驗。聯盟行銷可以自動量產這一類文章，這種系統對廠商來說很有魅力。

第二，**聯盟行銷廣告可以刊登一些官方無法刊登的內容**。當然在各大領域中，難免有些過於誇大的灰色地帶廣告，但官方網站上不能出現的描述，外包業者愛怎麼寫就怎麼寫。

問題是，這些內容多半是廠商不樂見的，尤其和法律牽涉較深的商品，需要施加比較強硬的規範。

第三，**可以量產許多使用者的經驗之談**。消費者只要上網搜尋商品名稱，就會看到很多讚美商品的網頁。

大部分的消費者都喜歡廣受好評的商品，這也是使用聯盟行銷廣告的一大優點。

由此可見，聯盟行銷廣告有極大的優點和風險。請各位配合自家的商務戰略，審慎考量評估吧。

對於喜歡經典D2C手法的人來說，包含聯盟行銷在內的廣告，並非值得推崇的手法。不可否認的是，有些消費者是看了聯盟行銷的廣告或評論，才打動購物的念頭，當然比例多寡還有待商榷。

消費活動成熟是D2C風行的一大背景，但現實中消費活動尚有成長空間。倘若你認為提供消費者想要的體驗，也是D2C該有的行事方針，那麼，你可以把聯盟行銷廣告當成戰略的一環（使用聯盟行銷廣告可加速成長，未必是壞事，只是千萬不要忘記風險）。

結語

不少讀者聽過Ｄ２Ｃ這個詞彙，卻不曉得它的本質是什麼。我撰寫這本書的用意，就是希望你們明白，世上還有這種趣味的思維和手法，可以打造出強大的商業模式。

我介紹的品牌和商品，相信你們也略有耳聞，甚至還有購買過吧。

現在Ｄ２Ｃ的思維蔓延到各個領域，Ｄ２Ｃ早已不是流行術語或困難的行銷用語了。

這是一種買家和賣家共同成長的商業模式，雙方的關係比過去更加緊密。今後各行各業都會有Ｄ２Ｃ模式成功的案例。

我要誠心感謝各位閱讀本書。

希望你提供的商品和消費體驗，能獲得更多人的認同。

角間實

小而精準的 D2C 線上銷售模式

直接面對消費者，聽見消費者需求，培養出顧客忠誠度的成功經營方式

作者　角間實
攝影　塚月雅之（TIDY）
譯者　葉廷昭
主編　劉偉嘉
校對　魏秋綢
排版　謝宜欣
封面　萬勝安
社長　郭重興
發行人兼出版總監　曾大福
出版　真文化／遠足文化事業股份有限公司
發行　遠足文化事業股份有限公司
地址　231 新北市新店區民權路 108 之 2 號 9 樓
電話　02-22181417
傳真　02-22181009
Email　service@bookrep.com.tw
郵撥帳號　19504465 遠足文化事業股份有限公司
客服專線　0800221029
法律顧問　華陽國際專利商標事務所　蘇文生律師
印刷　成陽印刷股份有限公司
初版　2022年2月
定價　350元
ISBN　978-986-06783-6-9

歡迎團體訂購，另有優惠，請洽業務部 (02)22181-1417 分機 1124、1135

特別聲明：有關本書中的言論內容，不代表本公司／出版集團的立場及意見，由作者自行承擔文責。

國家圖書館出版品預行編目 (CIP) 資料

小而精準的 D2C 線上銷售模式：直接面對消費者，聽見消費者需求，培養出顧客忠誠度的成功經營方式／角間實著；葉廷昭譯．-- 初版．-- 新北市：真文化出版，遠足文化事業股份有限公司發行，2022.02
面；公分 --（認真職場；19）
ISBN 978-986-06783-6-9（平裝）
1. 網路購物 2. 電子商務 3. 創業
498.96　　110021897